第一推动丛书:宇宙系列
The Cosmos Series

宇宙的轮回
Cycles of Time

[英] 罗杰·彭罗斯 著　李泳 译
Roger Penrose

U0339403

湖南科学技术出版社

图书在版编目（CIP）数据

宇宙的轮回 /（英）罗杰·彭罗斯著；李泳译. — 长沙：湖南科学技术出版社，2018.1
（第一推动丛书. 宇宙系列）
ISBN 978-7-5357-9447-5

Ⅰ.①宇… Ⅱ.①罗… ②李… Ⅲ.①宇宙—普及读物 Ⅳ.① P159-49

中国版本图书馆 CIP 数据核字（2017）第 212889 号

Cycles of Time
Copyright © Roger Penrose, 2010
All Rights Reserved
本书根据 The Bodley Head 2010 年版本译出

湖南科学技术出版社通过大苹果文化艺术有限公司获得本书中文简体版中国大陆独家出版发行权
著作权合同登记号　18-2016-193

YUZHOU DE LUNHUI
宇宙的轮回

著者
[英]罗杰·彭罗斯

译者
李泳

责任编辑
吴炜 戴涛 杨波

装帧设计
邵年 李叶 李星霖 赵宛青

出版发行
湖南科学技术出版社

社址
长沙市湘雅路 276 号
http://www.hnstp.com
湖南科学技术出版社
天猫旗舰店网址
http://hnkjcbs.tmall.com

邮购联系
本社直销科 0731-84375808

印刷
湖南天闻新华印务邵阳有限公司

厂址
湖南省邵阳市东大路 776 号

邮编
422001

版次
2018 年 1 月第 1 版

印次
2018 年 1 月第 1 次印刷

开本
880mm×1230mm　1/32

印张
10.25

字数
214000

书号
ISBN 978-7-5357-9447-5

定价
49.00 元

THE
FIRST
MOVER

总序

《第一推动丛书》编委会

科学，特别是自然科学，最重要的目标之一，就是追寻科学本身的原动力，或曰追寻其第一推动。同时，科学的这种追求精神本身，又成为社会发展和人类进步的一种最基本的推动。

科学总是寻求发现和了解客观世界的新现象，研究和掌握新规律，总是在不懈地追求真理。科学是认真的、严谨的、实事求是的，同时，科学又是创造的。科学的最基本态度之一就是疑问，科学的最基本精神之一就是批判。

的确，科学活动，特别是自然科学活动，比起其他的人类活动来，其最基本特征就是不断进步。哪怕在其他方面倒退的时候，科学却总是进步着，即使是缓慢而艰难的进步。这表明，自然科学活动中包含着人类的最进步因素。

正是在这个意义上，科学堪称为人类进步的"第一推动"。

科学教育，特别是自然科学的教育，是提高人们素质的重要因素，是现代教育的一个核心。科学教育不仅使人获得生活和工作所需的知识和技能，更重要的是使人获得科学思想、科学精神、科学态度以及科学方法的熏陶和培养，使人获得非生物本能的智慧，获得非与生俱来的灵魂。可以这样说，没有科学的"教育"，只是培养信仰，而不是教育。没有受过科学教育的人，只能称为受过训练，而非受过教育。

正是在这个意义上，科学堪称为使人进化为现代人的"第一推动"。

近百年来，无数仁人志士意识到，强国富民再造中国离不开科学技术，他们为摆脱愚昧与无知做了艰苦卓绝的奋斗。中国的科学先贤们代代相传，不遗余力地为中国的进步献身于科学启蒙运动，以图完成国人的强国梦。然而可以说，这个目标远未达到。今日的中国需要新的科学启蒙，需要现代科学教育。只有全社会的人具备较高的科学素质，以科学的精神和思想、科学的态度和方法作为探讨和解决各类问题的共同基础和出发点，社会才能更好地向前发展和进步。因此，中国的进步离不开科学，是毋庸置疑的。

正是在这个意义上，似乎可以说，科学已被公认是中国进步所必不可少的推动。

然而，这并不意味着，科学的精神也同样地被公认和接受。虽然，科学已渗透到社会的各个领域和层面，科学的价值和地位也更高了，但是，毋庸讳言，在一定的范围内或某些特定时候，人们只是承认"科学是有用的"，只停留在对科学所带来的结果的接受和承认，而不是对科学的原动力——科学的精神的接受和承认。此种现象的存在也是不能忽视的。

科学的精神之一，是它自身就是自身的"第一推动"。也就是说，科学活动在原则上不隶属于服务于神学，不隶属于服务于儒学，科学活动在原则上也不隶属于服务于任何哲学。科学是超越宗教差别的，超越民族差别的，超越党派差别的，超越文化和地域差别的，科学是普适的、独立的，它自身就是自身的主宰。

湖南科学技术出版社精选了一批关于科学思想和科学精神的世界名著，请有关学者译成中文出版，其目的就是为了传播科学精神和科学思想，特别是自然科学的精神和思想，从而起到倡导科学精神，推动科技发展，对全民进行新的科学启蒙和科学教育的作用，为中国的进步做一点推动。丛书定名为"第一推动"，当然并非说其中每一册都是第一推动，但是可以肯定，蕴含在每一册中的科学的内容、观点、思想和精神，都会使你或多或少地更接近第一推动，或多或少地发现自身如何成为自身的主宰。

再版序
一个坠落苹果的两面：
极端智慧与极致想象

龚曙光
2017年9月8日凌晨于抱朴庐

连我们自己也很惊讶，《第一推动丛书》已经出了 25 年。

或许，因为全神贯注于每一本书的编辑和出版细节，反倒忽视了这套丛书的出版历程，忽视了自己头上的黑发渐染霜雪，忽视了团队编辑的老退新替，忽视好些早年的读者，已经成长为多个领域的栋梁。

对于一套丛书的出版而言，25 年的确是一段不短的历程；对于科学研究的进程而言，四分之一个世纪更是一部跨越式的历史。古人"洞中方七日，世上已千秋"的时间感，用来形容人类科学探求的速律，倒也恰当和准确。回头看看我们逐年出版的这些科普著作，许多当年的假设已经被证实，也有一些结论被证伪；许多当年的理论已经被孵化，也有一些发明被淘汰……

无论这些著作阐释的学科和学说，属于以上所说的哪种状况，都本质地呈现了科学探索的旨趣与真相：科学永远是一个求真的过程，所谓的真理，都只是这一过程中的阶段性成果。论证被想象讪笑，结论被假设挑衅，人类以其最优越的物种秉赋 —— 智慧，让锐利无比的理性之刃，和绚烂无比的想象之花相克相生，相否相成。在形形色色的生活中，似乎没有哪一个领域如同科学探索一样，既是一次次伟大的理性历险，又是一次次极致的感性审美。科学家们穷其毕生所奉献的，不仅仅是我们无法发现的科学结论，还是我们无法展开的绚丽想象。在我们难以感知的极小与极大世界中，没有他们记历这些伟大历险和极致审美的科普著作，我们不但永远无法洞悉我们赖以生存世界的各种奥秘，无法领略我们难以抵达世界的各种美丽，更无法认知人类在找到真理和遭遇美景时的心路历程。在这个意义上，科普是人类极端智慧和极致审美的结晶，是物种独有的精神文本，是人类任何其他创造 —— 神学、哲学、文学和艺术无法替代的文明载体。

在神学家给出"我是谁"的结论后，整个人类，不仅仅是科学家，包括庸常生活中的我们，都企图突破宗教教义的铁窗，自由探求世界的本质。于是，时间、物质和本源，成为了人类共同的终极探寻之地，成为了人类突破慵懒、挣脱琐碎、拒绝因袭的历险之旅。这一旅程中，引领着我们艰难而快乐前行的，是那一代又一代最伟大的科学家。他们是极端的智者和极致的幻想家，是真理的先知和审美的天使。

我曾有幸采访《时间简史》的作者史蒂芬·霍金，他痛苦地斜躺在轮椅上，用特制的语音器和我交谈。聆听着由他按击出的极其单调的金属般的音符，我确信，那个只留下萎缩的躯干和游丝一般生命气息的智者就是先知，就是上帝遣派给人类的孤独使者。倘若不是亲眼所见，你根本无法相信，那些深奥到极致而又浅白到极致，简练到极致而又美丽到极致的天书，竟是他蜷缩在轮椅上，用唯一能够动弹的手指，一个语音一个语音按击出来的。如果不是为了引导人类，你想象不出他人生此行还能有其他的目的。

无怪《时间简史》如此畅销！自出版始，每年都在中文图书的畅销榜上。其实何止《时间简史》，霍金的其他著作，《第一推动丛书》所遴选的其他作者著作，25年来都在热销。据此我们相信，这些著作不仅属于某一代人，甚至不仅属于20世纪。只要人类仍在为时间、物质乃至本源的命题所困扰，只要人类仍在为求真与审美的本能所驱动，丛书中的著作，便是永不过时的启蒙读本，永不熄灭的引领之光。

虽然著作中的某些假说会被否定，某些理论会被超越，但科学家们探求真理的精神，思考宇宙的智慧，感悟时空的审美，必将与日月同辉，成为人类进化中永不腐朽的历史界碑。

因而在25年这一时间节点上，我们合集再版这套丛书，便不只是为了纪念出版行为本身，更多的则是为了彰显这些著作的不朽，为了向新的时代和新的读者告白：21世纪不仅需要科学的功利，而且需要科学的审美。

当然，我们深知，并非所有的发现都为人类带来福祉，并非所有的创造都为世界带来安宁。在科学仍在为政治集团和经济集团所利用，甚至垄断的时代，初衷与结果悖反、无辜与有罪并存的科学公案屡见不鲜。对于科学可能带来的负能量，只能由了解科技的公民用群体的意愿抑制和抵消：选择推进人类进化的科学方向，选择造福人类生存的科学发现，是每个现代公民对自己，也是对物种应当肩负的一份责任、应该表达的一种诉求！在这一理解上，我们将科普阅读不仅视为一种个人爱好，而且视为一种公共使命！

牛顿站在苹果树下，在苹果坠落的那一刹那，他的顿悟一定不只包含了对于地心引力的推断，而且包含了对于苹果与地球、地球与行星、行星与未知宇宙奇妙关系的想象。我相信，那不仅仅是一次枯燥之极的理性推演，而且是一次瑰丽之极的感性审美……

如果说，求真与审美，是这套丛书难以评估的价值，那么，极端的智慧与极致的想象，则是这套丛书无法穷尽的魅力！

前言

我们宇宙的最大秘密就是它从哪儿来。

1950年代初，我进剑桥大学读数学研究生，那时正好兴起一个迷人的宇宙学理论，即稳恒态模型。根据那个纲领，宇宙没有开始，而且总的说来一直保持着大致相同的状态。稳恒态宇宙之所以能在膨胀中保持不变，是因为在膨胀中持续损耗的物质被持续新生的物质（极端弥散的氢原子气团）补偿了。我在剑桥的导师和朋友是宇宙学家席艾玛（Dennis Sciama），我从他那儿体验了新物理学的兴奋。他当时是稳恒态宇宙学的强烈支持者，让我深切感受了那个杰出纲领的美妙和力量。

然而，那个理论没能经受时间的检验。大约在我第一次进剑桥并且熟悉那个理论10年之后，彭齐亚斯（Arno Penzias）和威尔逊（Robert Wilson）惊奇地发现了一个来自所有方向、遍及整个天空的电磁辐射，也就是现在说的宇宙微波背景（CMB）。很快，迪克（Robert Dicke）就将它解读为人们预言的宇宙起源的大爆炸"闪光"的痕迹，那大约发生在140亿年前 —— 第一个严格构想大爆炸的是勒梅特（Monsignor George Lemaître），他在1927年基于他对爱因斯坦1915年广义相对论方程的研究和宇宙膨胀的早期观测证据提出的。后来，CMB越来越好地确立起来了，席艾玛以巨大的勇气和科学的诚实，否定了他自己早先的观点，从此转而强烈支持宇宙起源的大爆炸思想。

从那时以来，宇宙学已经从推测和猜想变成了一门精确的科学，大量的优美实验产生了高度精确的CMB数据，对它的周密分析成为这个转变的重要组成部分。然而，还有很多未解之谜，猜想仍将在我们的追求中占据一定的位置。我在本书中描述的，不仅是经典相对论宇宙学的主要模型，还有它们的不同发展和这些年里出现的疑难问题。尤其值得注意的是，在热力学第二定律和大爆炸本性的背后藏着深层的奥秘，我为此提出了自己的一套猜想，它把我们所知的宇宙的诸多方面的不同问题都拉扯到一起来了。

我的非正统方法要追溯到2005年，不过很多细节是近期才有的。我的解说深入到一些几何，但在正文里我并没过分摆弄方程或其他技术，它们都放在附录里了。只有专家需要参阅那个部分。我这儿提出的纲领其实是非正统的，不过它有着非常坚实的几何和物理的基础。尽管我的建议与旧时的稳恒态模型完全不同，但分明回荡着它的音响！

我不知道席艾玛老师会做什么。

致谢

　　我非常感谢众多的朋友和同事的重要意见和建议，感谢他们让我分享他们的思想，融入我在这儿提出的宇宙学纲领。最重要的是，与Paul Tod详细讨论了他建立的Weyl曲率假设的共形形式，这对我有着决定性的影响。大家可以看到，他的分析的很多方面对我的共形循环宇宙学方程的具体建立起着至关重要的作用。另外，Helmut Friedrich对共形无限远的强有力分析，特别是他对正宇宙学常数情形的研究，为我的纲领的数学可能提供了强大的支持。多年来，Wolfgang Rindler也贡献了他的重要思想，特别是他对宇宙学视界的独创性理解，还有他与我在2-旋量形式的长期合作以及我们就暴胀宇宙学的作用展开的讨论。

　　重要的启发还来自Florence Tsou（周尚真）和Hong-Mo Chan（陈匡武），他们让我明白了粒子物理学中质量的本性，还有James Bjorken也提供了重要见解。对我产生过影响的人还有David Spergel，Amir Hajian，James Peebles，Mike Eastwood，Ed Speigel，Abhay Ashtekar，Neil Turok，Pedro Ferreira，Vahe Gurzadyan，Lee Smolin，Paul Steinhardt，Andrew Hodges，Lionel Mason和Ted Newman。Richard Lawrence卓越的编辑支持也难能可贵，还有Thomas

Lawrence付出的辛勤劳动，他补充了很多遗漏的东西（特别是第一部分）。也感谢Paul Nash为我编制索引。

　　我还要深深感谢我的妻子Vanessa，感谢她在困难环境下对我的深爱、支持和理解，也感谢她在很短时间内为我提供需要的图件，特别是她指导我应付了不断出现的现代电子技术的困扰，如果没有她的帮助，我对那些图件就一筹莫展了。最后，也要谢谢我们10岁的小儿子Max，不仅是他的勇气和快乐，他还以自己的方式帮我克服了技术难题。

　　感谢荷兰M. C. Escher公司允许我复制图2.3中的绘画，感谢海德堡大学理论物理研究所允许我引用图2.6。最后，感谢国家科学基金会的资助（PHY 00 — 90091）。

引子

　　大雨滂沱，小河溅起水沫，溅到汤姆的脸上，他眯缝着眼睛，看急湍的溪流从山间落下。"哇，它总是这样的吗？"他问普利西拉阿姨。阿姨是剑桥大学的天体物理教授，特意带他来看那个神奇的老水磨，那么古老，还能完美地运转。"难怪，那么老的机器还转那么快呢！"

　　"我看它不会老是那么有力的。"身边的阿姨说。她站在河边的栏杆后面，提高嗓音，压倒了水的喧嚣。"今天的水势比平常大多了，因为雨多。你看那下面，好多水都从水磨流出来了。平常可不那样，水要平缓得多，水磨得好好利用它们。可现在呢，水的能量大了，超过了水磨的需要。"

　　汤姆对着狂野湍急的水盯了好一会儿，看到空中飞溅的朵朵水花和片片水雾，神往极了。"我能看见水里有好多能量，我知道几百年前人们就明白怎么用能量来驱动机器了 —— 做很多人合力才能做的[1]事情，织精美的毛衣。可是，原先从哪儿来那么多能量，才把水弄到山上去的呢？"

"太阳的热量让海水蒸发到空中，然后以雨水的形式降下来。所以，相当多的雨水会落到山上。"阿姨告诉他，"让水磨转动的，就是来自太阳的能量。"

汤姆有点儿疑惑。他经常对阿姨说的东西感到疑惑，而且老是喜欢怀疑。他看不出热量怎么就能把水升到空中。如果说周围全是热量，他怎么还感觉冷呢？"昨天是很热，"他勉强承认，"可那会儿和现在一样，我也没觉得太阳要把我弄上天啊。"

阿姨笑了。"不，不是那样的。太阳的热量是把能量给了海水的小分子。然后，那些分子四处乱跑，比平常快得多。有些'热'分子跑得更快，能突破水面，跑到空中去。虽然跑出去的分子比例很小，可海洋那么大，所以总的说来还是有大量分子进入空气。那些分子形成云，然后通过降雨回到地面，有很多就落到山上。"

汤姆还是有点儿迷糊，不过雨总算小点儿了。"可是，我没觉得雨是热的呀。"

"是这样的，太阳的热量先转化为水分子的随机运动的能量，然后，动能使一小部分分子跑得很快，变成蒸汽进入空中。这些分子的能量变成所谓的引力势能。想想看，我们把一个球抛到空中，你使的劲儿越大，球抛得越高。到达最高点时，球不再向上，它在那一点的动能全都转化成了相对于地面的引力势能。水分子的情形也是一样的。它们的动能——从太阳热量得到的——转化成在山顶的引力势能，然后，当水从山上冲下来时，又重新变成动能，驱动水磨。"

"所以那儿的水一点儿也不热？"汤姆问。

"是的，孩子。当水分子到达高空时，它们会慢下来，还会冻成冰晶 —— 云主要就是由这些冰晶组成的 —— 所以能量变成了相对于地面的势能，而不是热运动的动能。于是，那儿的雨一点儿不热，下落时会被空气阻力减慢，落到地下时还很冷呢。"

"真有趣！"

"是啊，"阿姨看小孩有了兴趣，于是趁热打铁，补充说，"要知道，即使河里的冷水，每个分子也以很高的速度四处乱跑，它们包含的热量比从山上冲下来的湍急涡流还多呢！"

"天啊，是这样的，好像有点儿明白了。"

汤姆想了一会儿，起初有点儿疑惑，然后就被阿姨的话吸引了，兴奋地说："我有了一个好主意！为什么不造一种特殊的水磨，直接利用平常湖水里的水分子动能呢？它可以用很多小小的风车，就像顶端有个小碗儿的风向标，不管风朝哪个方向吹，它都能转起来的。只是它在水里必须很小很小，水分子的速度才能使它转动，这样我们就可以用它转化水分子的动能来驱动各种机器了。"

"奇妙的想法，好孩子！遗憾的是，它行不通。那是因为有个物理学的基本原理，叫热力学第二定律，大概意思是，随着时间的流逝，事情会变得越来越混乱无序。就这一点说，它告诉我们你不可能从热[3]

或者冷物体的随机运动获取有用的能量，就像你刚才说的那样。你的想法，我看有点儿像'麦克斯韦小妖'。"

"你都没开始做！每当我有一个好想法，爷爷总叫我'小妖'，我不喜欢。第二定律那东西，算不得好定律。"汤姆生气了，抱怨说。然后，他的怀疑天性又回来了："我不知道是不是真敢相信它。"他接着说，"我想，那样的定律需要更清楚的思想来解释。不管怎么说，我想你说过，是太阳的热量加热了海水，是那些随机的动能使它到达山顶，也正是它转动水磨的。"

"你说得对。所以第二定律告诉我们，光凭太阳的热量还不行。为了能够运行，我们还需要较冷的高层大气，这样，水蒸气才能在山的上空凝结。其实啊，从整体说来，地球并没从太阳得到一分能量。"

汤姆一脸惊讶地看着阿姨。"跟冷大气有什么关系呢？'冷'可不就是比'热'的能量少吗？一点儿能量有什么用呢？我不明白你说的话。不管怎么说，我看你有点儿自相矛盾。"汤姆越发自信了，"你先告诉我太阳能量转动水磨，现在又说太阳压根儿没给地球能量！"

"是啊，真的。假如太阳给了地球能量，地球就会变得越来越热。地球白天从太阳得到的能量，到晚上都还给天空了，因为夜空是黑的——我想，大概只有一点儿回到地球，让全球变暖。这是因为，太阳是黑暗天空里的一个炽热的亮点……"

汤姆越听越迷糊，不知阿姨说什么，开始走神了。又听阿姨说，

"……所以呀，正因为太阳能量有那么明显的组织性，我们才觉得第二定律处在困境中。" [4]

汤姆一脸茫然地看着阿姨，说："我想我没听懂你说的，我也不明白为什么要相信'第二定律'的东西。不管怎么说，太阳的组织从哪儿来呢？你的第二定律本该告诉我们太阳会越变越混乱，所以它刚形成时一定是高度组织的，因为它一直在失去它的组织。你的'第二定律'说它的组织在不断丢失。"

"这是因为太阳是黑暗天空里的一个热点，温度的极端悬殊生成了我们的组织。"

汤姆盯着阿姨，有点儿明白了，但还是不大相信她说的话。"你说那就是组织，好吧，可我不明白为什么那样。退一步说，就算假定是那样的——可你还是没告诉我那种可笑的组织到底是从哪儿来的。"

"来自形成太阳的气体呀，那些气体原先是均匀分布的，然后引力使它聚集成团，凝结成星体。很久很久以前，太阳就是这样形成的；它从原先分散的气体收缩而来，在收缩的过程中变得越来越热。"

"你老往过去说，说得滔滔不绝，可你说的'组织'，不管它是什么，最初是从哪儿来的呢？"

"最初来自大爆炸，整个宇宙都是从这个剧烈的大爆炸开始的。"

"爆炸那玩意儿可不像什么有组织的东西，我还是不懂。"

"很多人都不懂！你只是其中的一个。没人真的懂。组织从哪儿来，大爆炸凭什么代表组织，都是宇宙学的大难题。"

"也许在大爆炸之前还有更具组织性的东西？组织也许从那儿来？"

"真有人那么想过。有理论说，我们现在膨胀的宇宙以前有个坍缩的时期，然后'反弹'成我们的大爆炸。也有理论说，前期宇宙的一小部分坍缩成我们所说的黑洞，然后它们'反弹'，变成大量新膨胀宇宙的种子。还有理论说，新宇宙是从'伪真空'里生出来的……"

"我看那简直是疯了。"汤姆说。

"是啊，不过，我最近还听说有一个理论……"

目录

第1章
神秘的第二定律

¹¹ **1.1　漫漫随机路**

　　热力学第二定律——是个什么样的定律呢？在物理行为中，它扮演着什么样的角色？它怎么就向我们呈现了真正深层的秘密？在本书的后面，我们将努力去理解这个秘密令人疑惑的本性，看它为什么可能将我们驱向求解的崎岖长路。我们将走近宇宙学的未知领地，面临一些空前的难题，我想只有从全新的观点来看我们宇宙的历史，才有可能解决它们。不过，这些都是以后的事情。现在我们还是用心来看看这个无所不在的定律蕴藏着什么东西。

　　我们平常说起"物理学定律"，是指两种不同事物之间的等式。例如，牛顿的第二运动定律是将一个粒子的动量的变化率（动量等于质量乘以速度）与作用在它上面的外力的总和等同起来。再看能量守恒定律，它说的是一个孤立系统在某一时刻的总能量等于它在其他任何时刻的总能量。类似地，电荷守恒定律、动量守恒定律和角动量守恒定律，也是关于总电荷、总动量和总角动量的对应等式。爱因斯坦的著名定律 $E = mc^2$ 说的是，一个系统的能量总是等于它的质量乘以¹² 光速的平方。再看一个例子，牛顿第三定律指出，在任意时刻，物体

A作用于物体B的力，总是等于B反作用于A的力。众多其他物理定律也是如此。

　　所有这些定律都是等式 —— 所谓热力学第一定律也是，其实它就是能量守恒定律，不过是在热力学环境下说的。我们强调热力学，是因为我们现在考虑热运动的能量，即组成系统的单个粒子的运动。这个能量是系统的热能，我们定义系统的温度等于每个自由度（我们接着要讨论）的能量。例如，当空气的摩擦阻力减缓粒子的运动时，尽管动能因运动轨迹的摩擦而损耗了，但并不违反总的能量守恒定律（即热力学第一定律）—— 摩擦产生的热，使空气和轨迹中的其他分子在随机运动中变得更有活力了。

　　然而，热力学第二定律却不是等式，而是不等式，它只是断言，一个孤立系统的某个特定的量（我们称为熵）—— 它是系统无序性（即"随机性"）的度量 —— 在后来时刻的数值，将大于（或至少不小于）它在以前时刻的数值。由于陈述显而易见的薄弱，我们会发现，对一般系统而言，熵的定义也存在一定的模糊和随意。而且，在大多数表述形式下，我们会发现一些偶然或例外的情形，必须认为熵随时间（尽管是暂时的）而减小，虽然就总的趋势来说，熵还是增大的。

　　不过，第二定律（以后我都这样简称它）除了这一点内在的看似模糊的地方以外，它有着极大的普适性，远远超越我们所能考虑的任何特殊的动力学法则的系统。例如，它不仅适用于牛顿理论，也同样适用于相对论；它不仅适用于只包含离散粒子的理论，也同样适用于[13]连续场的麦克斯韦电磁理论（我将在2.6，3.1和3.2节做简短介绍）。

它甚至还适用于假想的动力学理论，尽管我们没有多大的理由相信它们与我们生存的宇宙有任何关联；当然，它最有用的地方还是现实的动力学纲领，诸如牛顿力学等。那些理论都具有确定性的演化，而且是时间可逆的，从而对任何可能的向未来的演化，如果颠倒时间方向，它们都会给出同样可能的演化图景。

　　换一种我们熟悉的方式。假设我们放一段影片，表现某个符合动力学定律 —— 如牛顿定律 —— 的时间可逆的行为，那么倒放影片所表现的过程，同样符合那些动力学定律。关于这一点，读者也许感到疑惑。假如影片表现一个鸡蛋从桌面滚下，落到地面砸碎，这是允许的动力学过程；可倒放的影片 —— 地板上的破碎蛋壳神奇地重新组合，蛋清和蛋黄也各自聚集，钻进蛋壳里，然后跳回桌面 —— 却是我们不可能看到的物理学过程（图1.1）。尽管如此，单个粒子的牛顿力

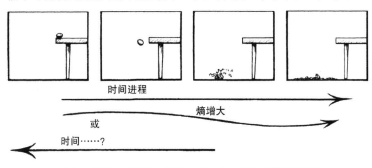

图1.1　一个鸡蛋从桌子滚下，落到地上碎了，遵从时间可逆的动力学法则

学，包括粒子对作用在它的所有力的加速反应（遵从牛顿第二定律）和粒子之间的碰撞的弹性反应，都完全是时间可逆的。根据现代物理学的标准程序，相对论和量子力学的粒子的更精细的行为，也是时间可逆的 —— 当然，广义相对论的黑洞物理学（也涉及量子力学）出现

了某些微妙的特征，但我现在还不想纠结于它们。其中有些微妙的东西对我们以后的讨论是至关重要的，我们将在3.4节细说。不过眼下，我们满可以完全用牛顿图景来描述事物。14

我们必须让自己习惯这样的事实：正反两个方向播放的影片所表现的情景，都满足牛顿动力学，但自我复合的鸡蛋却不符合第二定律，而且是极其不可能的事情，我们完全可以认为它不可能在现实发生。大致说来，第二定律说的是，事物总是变得越来越"随机"。所以，假如我们设定一个特殊的情景，让动力学驱动它向未来演化，那么系统将随时间向越来越随机的状态演进。不过严格说来，考虑到我们上面的情形，我们不能说它准会演进到越来越随机的状态，而应该说，它（大概）会以压倒性的可能向更随机的状态演进。在现实中，我们必须根据第二定律相信事物确实会随时间变得越来越随机，但那只是代表一种压倒性的可能，而不是绝对的确定。

尽管如此，我们还是可以相当有把握地断言，我们要面对的是一个熵增过程——也就是随机性增大的过程。这样说来，第二定律也许有点儿令人失望，因为它告诉我们事物只会随时间变得越来越没有组织。然而，这听起来不像什么神秘的东西，没有本节标题该有的意味。这不过是事物自然活动的一个明显的特征。第二定律似乎只是表 15述了寻常事物的一种不可避免、也多少令人泄气的特征。实际上，从这样的观点看，热力学第二定律是我们所能想象的最自然的事情，当然它也反映了我们最普通的经验。

也许有人疑惑，地球上出现生命，看起来是那么精妙，似乎与第二定律所要求的无序增加相矛盾。我以后会解释（见2.2节），这不是什么矛盾。就我们所知，生物学总的说来满足第二定律所要求的总的熵增。本节标题所指的神秘，是完全不同的尺度秩序的物理学的神秘。尽管它与生物学不断呈现给我们的神秘而奇异的组织有着一定的关联，但我们还是有很好的理由相信那与第二定律没有任何矛盾。

不过，有一点需要说清楚，它与第二定律在物理学中的地位有关：第二定律代表一种独立的原理，必须与动力学定律（例如牛顿定律）相结合，而不能认为是那些定律演绎的结果。然而，一个系统在任意时刻的熵的定义，对时间方向来说是对称的（所以，不管影片正放还是倒放，那个落地的鸡蛋在任意时刻的熵都有相同的定义）；如果动力学定律也是时间对称的（牛顿动力学正是如此），而系统的熵不是常数（如那个打碎的鸡蛋），则第二定律不可能从动力学定律推导出来。因为，假如熵在某个特殊情形是增大的（如鸡蛋碎了）——这符合第二定律——那么，在相反的情形（如鸡蛋神奇地复合了），熵一定是减小的，这就完全违背第二定律了。由于正反两个过程都符合（牛顿）动力学，于是我们看到，第二定律不可能简单归结为动力学定律的结果。

16 1.2　熵，状态的数目

那么，物理学家在第二定律里所说的"熵"，究竟要怎么量化"随机性"，我们才不会看到一只打碎的鸡蛋自己复合，从而排除这种严峻的可能呢？为了更具体地说明熵的概念到底是什么，也为了更好地描述第二定律究竟讲了什么，我们来考虑一个比碎鸡蛋更简单的例子。

假如我们在瓶子里倒几滴红墨水，然后倒几滴蓝墨水，好好搅拌，过一会儿，红蓝墨水将失去本色，最终完全融合，瓶子里看到的就是紫色的墨水了。在这以后，不管怎么搅拌，紫墨水都不会分离成原来的红蓝墨水，尽管搅拌背后的微观物理过程是时间可逆的。实际上，即使不去搅拌，紫色最终也会自发形成，如果我们给墨水加点儿热，就更容易了。不过在搅拌下，紫色状态可以更快达到。用熵来说，原先的红蓝颜色分离的状态有着较低的熵，而最终的紫墨水的熵要大得多。实际上，整个搅拌过程不仅为我们呈现了一个满足第二定律的情景，[17]它还开始让我们明白第二定律到底在说什么。

　　让我们更准确地来看看熵的概念，从而更明白发生了什么。一个系统的熵到底是什么呢？大略说来，熵是相当基本的概念，尽管它牵扯些微妙的见识 —— 主要来自奥地利物理学家玻尔兹曼（Ludwig Boltzmann），它只不过是计数不同的可能性。为简化问题，我们把墨水的例子理想化，考虑每个墨水分子的位置只有有限个（尽管数量很大）可能。我们将分子看作蓝色或红色的小球，它们只能占据离散的位置，聚集在 N^3 个小格子里。墨水瓶就是那些小格子组成的一个巨大的 $N \times N \times N$ 立方体箱子（图1.2）。在图中，我假定每个格子恰好有着一个蓝球或红球。

　　为确定瓶中某个位置的墨水颜色，我们对那个位置附近的红球与蓝球的相对密度做某种平均。我们用一个立方体盒将那位置围起来，盒子比整个箱子小得多，但比刚才说的小格子大得多。假定这个盒子包含大量刚才考虑的小格子，构成整个箱子的一种立方填充，不过不

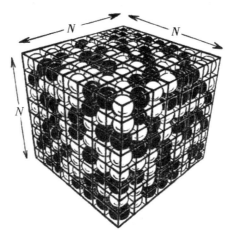

图1.2　$N \times N \times N$ 立方体箱子，每个格子包含一个蓝球或红球

¹⁸ 如原先格子填充那么密实（图1.3）。假定每个盒子的边长是原来格子的 n 倍，则每个盒子有 $n \times n \times n$ 个格子。这儿的 n 虽然很大，但远远小于 N。

$$N \gg n \gg 1$$

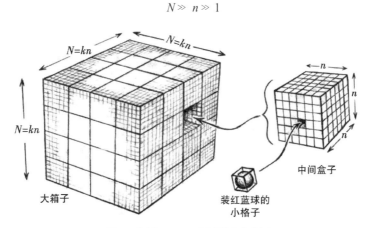

图1.3　大小为 $n \times n \times n$ 的格子组合成 k^3 个盒子

为计算简洁，我假定 N 恰好是 n 的倍数，即

$$N = kn$$

这儿 k 是整数，是箱子的每个边排列的盒子数。于是，箱子里共有 $k \times k \times k = k^3$ 个内嵌的盒子。

　　我们的想法是用这些中间盒子来度量盒子里某个位置的"颜色"。在这样的盒子里，我们可以认为每个球都太小而不可能单个地 [19] 看到。结果是一种平均的颜色，通过对盒子里的蓝球和红球的颜色的"平均"，可以为每个盒子赋予一定的色调。假如盒子里红球的数目为 r，蓝球的数目为 b（于是 $r + b = n^3$），那个位置的色调可以定义为 r 与 b 之比。因此，如果 r/b 大于1，我们就认为它更红；如果 r/b 小于 1，我们就说它更蓝。

　　我们假定，如果 $n \times n \times n$ 个格子的每一个的比值 r/b 都在 0.999 和 1.001 之间（即 r 和 b 在千分之一的精度上是相同的），则混合颜色就显现为均匀的紫。乍看起来这也许是相当严格的要求（它得满足每个 $n \times n \times n$ 格子）。但我们发现，在数目变得很大时，多数的球填充方式也的确满足这个条件！我们还应该记住，考虑墨水瓶里的分子时，它们的数量在常规看来会大得惊人。例如，一瓶普通的墨水大约有 10^{24} 个分子，所以，取 $N = 10^8$ 没有任何问题。另外我们看到，数码相片在 10^{-2} 厘米的像素上能完美表现色彩，所以在这个模型里，取 $k = 10^3$ 也是蛮有道理的。根据这些数字（$N = 10^8$，$k = 10^3$，从而 $n = 10^5$），我们发现 $1/2 N^3$ 个蓝球和 $1/2 N^3$ 个红球的集

合，有 $10^{23\,570000\,000000\,000000\,000000}$ 种不同组合方式显现均匀的紫色。而生成原先的蓝球全在顶部而红球全在底部的组合，只有 $10^{46\,500000\,000000}$ 种不同方式。于是，对完全随机分布的球来说，几乎可以肯定会出现均匀的紫色，而所有蓝球都在上面的概率只是 $10^{-23\,570000\,000000\,000000\,000000}$（即使我们不是要求"所有"而只是99.9%的蓝球在上面，这个概率也不会有大的改变）。

我们将把"熵"看作那些概率的某种度量，或者生成同样"整体表现"的那些不同组合方式的数目。具体说来，直接用数目将得到一个极难驾驭的度量，因为它们的大小太悬殊了。不过幸运的是，我们有很好的理论上的根据，可以取那些数字的自然对数来作为更恰当的"熵"度量。对不大熟悉对数（特别是"自然"对数）的读者，我们用以10为底的对数来表示——记作"lg"（而自然对数为"ln"）。为理解lg，我们需要记住

$$\lg 1 = 0,\ \lg 10 = 1,\ \lg 100 = 2,\ \lg 1000 = 3,\ \lg 10\,000 = 4,$$

等等。就是说，对10的幂次的对数，我们只要数它有多少个0。对不是10的幂次的正整数的对数，我们可以推广这个法则，其整数部分（即小数点前的数字）等于原来的位数减1，例如（整数部分为黑体字）

$$\lg 2 = \mathbf{0}.3\cdots$$

$$\lg 53 = \mathbf{1}.7\cdots$$

$$\lg 9140 = \mathbf{3}.9\cdots$$

等等。在每个情形下，黑体字都比原数的位数少1。对数（lg或ln）最重要的性质是将乘法转化为加法；即

$$lg(ab) = lg\ a + lg\ b$$

（在 a 和 b 都是10的幂次的情形，这是显而易见的，因为 $a = 10^A$ 乘以 $b = 10^B$ 得到 $ab = 10^{A+B}$ 。）

　　上面列出的关系，对我们在熵概念中运用对数有着巨大意义。如果一个系统由两个分离而且完全独立的单元组成，那么系统的熵就简单地等于将各部分的熵加起来。在这个意义上，我们说熵是可加的。具体说，假如第一个单元能以 P 种不同方式产生，第二个单元为 Q 种，[21] 则由两个单元组成的整个系统将以 PQ 种不同的方式生成（因为对第一个单元的 P 种生成方式的每一种，第二个单元都有 Q 种生产方式）。于是，如果我们定义任意系统的状态的熵正比于生成那个状态的不同方式数的对数，就能确保独立的系统都满足可加性。

　　然而，"生成系统状态的方式数"是什么意思，我还没说清楚。首先，我们模拟（墨水瓶里）分子的位置时，通常不考虑现实的分子会占有离散的格子，因为在牛顿理论中，每个分子都有无限而不是有限个不同可能的位置。另外，每个分子都可能有不那么对称的形状，因而在空间有不同的定向方式；它还可能有其他的内在自由度（如变形），这些都应该考虑进来。每个定向或变形都应该算作系统的不同构形。我们将通过系统的构形空间（下面接着讲）来处理这些问题。

具有 d 个自由度的系统，构形空间将是一个 d 维空间。举例来说，如果系统由 q 个点粒子 p_1，p_2，…，p_q 组成（每个粒子都没有任何内在自由度），那么构形空间有 $3q$ 维。这是因为，每个粒子只需要3个坐标来决定它的位置，所以共有 $3q$ 个坐标，从而构形空间的一个点 P 确定了所有 p_1，p_2，…，p_q 的位置（见图1.4）。在更复杂的具有内在自由度的情形，每个粒子将有更多的自由度，但一般思想还是一样的。当然，我并不指望读者能"构想"在那么高维的空间里发生的事情。这是不必要的。我们只需要想象2维空间（如画在纸上的一个区域）或通常3维空间里发生的事情，就能得到足够的认识。不过要牢记，那种图像难免存在一定的局限，我们马上就会遇到一些。当然，我们还应该记住，那样的空间是抽象的纯数学空间，不能与我们经历的3维物理空间或4维物理时空混为一谈。

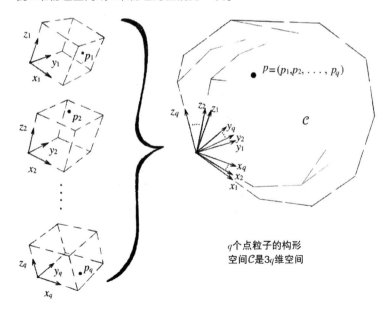

图1.4　q 个点粒子 p_1，p_2，…，p_q 的构形空间是一个 $3q$ 维空间

我们定义熵时，还有一点需要说明，那也是我们正要考虑的问题。在我们的有限模型里，蓝球与红球的组合数目是有限的。可是现在，我们有无限多的组合方式（因为粒子的位置需要连续参数），这就需要我们考虑构形空间里的高维体积，才能得到关于大小的恰当度量，而不是细数一个个的事物。

23

为理解高维空间的"体积"，我们先来看低维情形。对2维曲面的一个区域来说，"体积度量"其实就是那个区域的曲面面积。在1维空间的情形，我们只考虑沿着曲线的某个部分的长度。在 n 维构形空间，我们要用普通3维区域的体积的某种 n 维类比来思考。

那么，在熵的定义里，我们该度量构形空间的哪个区域的体积呢？基本说来，我们要关心的是构形空间里某个特殊区域的体积，它对应于与我们考虑的某个特殊状态"看起来一样"的所有状态的集合。当然，"看起来一样"是很模糊的说法。它的真正意思是，我们有某个理论上可以穷尽的宏观参数的集合，能度量系统的诸如密度分布、颜色和化学组成等特征，但我们不去理会组成系统的每个原子的精确位置等细节。在这个意思下将构形空间 $\mathcal{C}$ 分解为"看起来一样"的区域，叫空间 $\mathcal{C}$ 的"粗粒化"。于是，每个"粗粒化区域"的点所代表的状态，可以通过宏观观测与其他区域的状态区分开来。见图1.5。

当然，"宏观"观测的意思还是很模糊的，不过我们这儿是在寻求某种"色调"的类比，就像我们在简化的墨水瓶的有限模型里用过的一样。我们承认，这个"粗粒化"的思想确实有某些模糊的地方，但在熵的定义中，我们关心的是构形空间里的那个区域的体积——

24

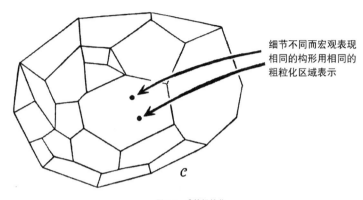

细节不同而宏观表现
相同的构形用相同的
粗粒化区域表示

图1.5　$\mathcal{C}$ 的粗粒化

或那个粗粒化区域的体积的对数。是的，这还是有点儿模糊，然而，不同寻常的是熵的概念表现得那么强健，主要就因为粗粒化的区域具有无比巨大的体积比。

25 1.3　相空间和玻尔兹曼的熵

不过，我们还没完成熵的定义，到这会儿，我们只谈了问题的一半。看一个略微不同的例子，就会发现前面的描述有不足的地方。我们不说红蓝墨水，而考虑装着一半水和一半橄榄油的瓶子。我们可以随意混合，也可以用力摇晃。但过一会儿，油和水会分开。我们看到油浮在上面，而水在下面。尽管如此，熵在分离的过程中仍然在增大。其中的关键一点是，橄榄油分子之间存在强烈的相互吸引，使油分子聚集而将水分子排斥。仅靠构形空间的概念不足以解释这种情形的熵增，我们需要考虑单个粒子/分子的运动，而不仅是它们的位置。不管怎么说，它们的运动是必要的，这样我们才能根据牛顿定律（假定它们在这儿也起着作用）决定未来的状态演化。对橄榄油分子而言，强吸引使分子速度增大，越来越靠近（它们做着严格的相互环绕的轨道运动），正是那关联空间的"运动"部分，为橄榄油分子的聚集提供了必需的额外体积（从而产生额外的熵）。

　　我们需要的这个空间，不是前面说的构形空间 $\mathcal{C}$，而是所谓的相[26]空间。相空间 $\mathcal{P}$ 的维数是构形空间的两倍！在相空间里，每个组成粒子（或分子）的位置坐标，除了原来那个位置的坐标外，一定还有对应的"运动"坐标（见图1.6）。我们也许会想象，那种坐标的一个恰当选择是速度（或角速度，对应于描述空间方向的角坐标）的恰当度量。然而，后来发现，我们应该用动量（或角动量，对应于角坐标）来描述速度（这是因为它与哈密尔顿理论的形式有着深刻的联系[1.1]）。在我们熟悉的多数情形，只需要知道"动量"就是质量乘以速度（如1.1节讲的）。这样，构成我们系统的所有粒子的瞬时运动连同它们的位置，就都蕴含在相空间 $\mathcal{P}$ 的单个点 p 的位置里了。所以我们说，相空间 $\mathcal{P}$ 内的点 p 的位置描述了系统的状态。

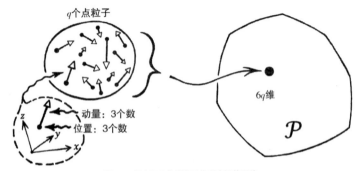

图1.6　相空间 $\mathcal{P}$ 的维数是构形空间的两倍

我们考虑的主宰系统行为的动力学定律，也可以看作牛顿运动定

律。但我们还可以处理更一般的情形（如麦克斯韦电动力学的连续场，
见2.6，3.1，3.2节和附录A1.），它们也来自哈米尔顿方程的宏大框
架。这些定律是决定性的，因为我们系统在任何时刻的状态完全决定
了它在其他任何时刻（不论更早还是更晚）的状态。换句话说，根据
这些定律，我们可以将系统描述为相空间 $\mathcal{P}$ 内沿曲线（叫演化曲线）
运动的一个点 p。这条演化曲线代表了整个系统在动力学定律下从某
个初始态（我们用相空间 $\mathcal{P}$ 中的一个 p_0 点来代表）开始的唯一演化
（见图1.7）。实际上，整个相空间将充满那样的演化曲线（犹如一捆
稻草），其中每一点都处于某条特殊的演化曲线上。我们必须把这些
曲线看作定向的——意思是我们必须为曲线赋予一个方向，为此我
们可以给它加一个箭头。我们的系统在动力学定律下的演化，就由运
动的一个点 p 来描述——在眼下的情形，它沿着从 p_0 点出发的演化
曲线，向着箭头指定的方向运动。这为我们呈现了 p 点所代表的系统
的一个特殊状态的未来演化。如果从 p_0 出发沿着箭头的反方向，演化
曲线呈现的是演化的时间反演过程，它告诉我们 p_0 代表的状态是如
何从过去的状态生成的。这个演化在动力学定律下也是唯一的。

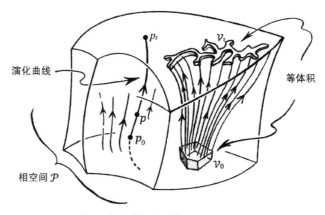

图1.7　点 p 沿着相空间中的一条演化曲线运动

　　相空间有一个重要特征：自量子力学诞生以来，我们发现它有一 ²⁸
个自然的度量，可以从本质上将相空间的体积视为一个无量纲数。这
一点很重要，因为玻尔兹曼的熵（马上就要讨论它）是以相空间体积
的形式定义的，需要我们能够比较不同的高维体积的度量，它们的维
数可以悬殊。从寻常的经典（非量子）物理的观点看，这似乎有点儿
奇怪，因为在普通名词中，我们总是认为曲线的长度（1维"体积"）
不如曲面的面积（2维"体积"）那么大，而曲面面积又小于3维体积，
等等。但量子力学要我们用的相空间体积，以满足 $\hbar = 1$ 的质量和距
离单位来度量，只是纯粹的数。量 $\hbar = h/2\pi$ 即狄拉克的普朗克常数
（有时也叫约化普朗克常数[1.2]），其中 h 是寻常的普朗克常数。在标
准单位里，$\hbar$ 的值极其微小：

$$\hbar = 1.054\ 57 \cdots \times 10^{-34} \text{焦耳秒}$$

于是，我们平常遇到的相空间度量将具有极其巨大的数值。

　　如果只考虑整数，相空间就仿佛"一粒粒的"了，这为量子力学
的"量子"提供了离散性。但在大多数普通情形下，这些数都很大，
所以颗粒性和离散性都不显著。一个例外是我们将在2.2节讨论的普
朗克黑体辐射谱（图2.6和注释1.2），这是普朗克1900年的理论分析
所解释的观测现象，启动了量子力学的研究。在这儿我们必须考虑同
时包含不同数量光子的平衡状态，也就要考虑不同维数的相空间。恰
当讨论这一点，超出了本书讨论的范围[1.3]，不过我们将在3.4节谈 ²⁹
量子理论的基本知识。

有了系统的相空间概念，我们还需要明白第二定律如何在其中运作。和讨论构形空间的情形一样，这要求我们将 $\mathcal{P}$ 粗粒化，其中属于同一粗粒化区域的两点在宏观参数上可以认为是"不可区分的"（如流体的温度、压力、密度、方向和流量，如颜色、化学组成，等等）。原来用 $\mathcal{P}$ 中的一点 p 来代表的系统状态的熵 S，现在由著名的玻尔兹曼公式来计算：

$$S = k' \lg V$$

这里 V 是包含 p 点的粗粒化区域的体积。量 k' 是一个小常数（如果选择自然对数，它就等于玻尔兹曼常数，$k' = k \ln 10$，$\ln 10 = 2.302585 \cdots$），k 是玻尔兹曼常数，其值很小：

$$k = 1.3865 \cdots \times 10^{-23} \text{焦耳/开尔文}$$

30　于是 $k' = 3.179 \cdots \times 10^{-23}$ 焦耳/开尔文（J. K^{-1}）（见图1.8）。实际上，为了和物理学家通常的定义一致，以后我们还是用自然对数，将玻尔兹曼的熵公式写成

$$S = k \ln V$$

其中 $\ln V = 2.302585 \cdots \times \lg V$。

在继续探讨这个精密定义的理由和意义及其与第二定律的关系之前（1.4节），我们先来欣赏它精彩解决的一个特别问题。有时人们

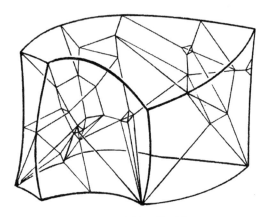

图1.8　高维空间里的粗粒化

（当然很对）指出某个状态的低熵并不能真的很好度量状态的"特殊性"。如果还考虑1.1节里的鸡蛋下落的例子，我们注意到，鸡蛋打碎在地板上所处的相对高熵的状态，仍然是一个非常特殊的状态。其特殊在于，构成那堆"蛋花"的粒子的运动之间有着非常特殊的关联。假如我们颠倒所有运动，那些碎花就会很快自我修复成完好的鸡蛋，弹回桌面，恰好落在原来的地方。这当然是一个非常特殊的状态，一点儿不亚于桌子上的那个鸡蛋的相对低熵的构形。但是，尽管构成地板上的碎鸡蛋的状态确实很"特殊"，却不是我们所说的"低熵"意义的特殊。低熵指显现的特殊性表现为宏观参数具有特殊的值。当一个系统的状态被赋予一定的熵，粒子运动之间的微妙关系就荡然无存了。

　　我们看到，尽管某些相对高熵的态（如刚才考虑的时间倒转的碎鸡蛋）能演化为低熵态，与第二定律冲突了，但它们只代表非常微小的可能性。可以说，这正是熵概念和第二定律的"整体观"。玻尔兹曼的熵定义以非常自然而恰当的方式解决了这类"特殊性"问题。 31

还应该指出一点。有一个重要的数学定理叫刘维尔（Liouville）定理，它断言，对物理学家考虑的常态经典动力学系统（前面说的标准哈密尔顿系统）而言，时间演化在相空间中的体积保持不变。这一点如图1.7右边所示，我们可以看到，如果在相空间 $\mathcal{P}$ 中体积为 V 的区域 $\mathcal{V}_0$ 在时间 t 后沿演化曲线到区域 $\mathcal{V}_t$，那么我们会发现 $\mathcal{V}_t$ 与 $\mathcal{V}_0$ 有着相同的体积 V。不过这一点并不与第二定律冲突，因为粗粒化区域是随演化改变的。假如初始区域 $\mathcal{V}_0$ 碰巧是粗粒化区域，那么时间 t 之后的 $\mathcal{V}_t$ 有可能在一个或者几个更大的粗粒化区域随意延展。

结束本节之前，我们接着1.2节简要谈过的问题，再来看看在玻尔兹曼公式里应用对数的重要性。这个问题对我们以后（特别是3.4节）有着特殊的意义。假如考虑我们本地实验室的物理，想对某个实验所涉及的一些结构的熵进行定义，那么，相对于我们实验的玻尔兹曼的熵定义应该是什么呢？我们将考虑所有相关的自由度，然后用它们来定义一个相空间 $\mathcal{P}$，让体积 V 的粗粒化区域 $\mathcal{V}$ 落在 $\mathcal{P}$ 中，从而确定我们的玻尔兹曼熵 $k \ln V$。

然而，也可以考虑我们的实验室是一个更大的系统（例如我们所在的整个银河系）的一部分，这样就将有多得多的自由度。把所有的自由度都囊括进来，我们会发现相空间比以前大多了。而且，与我们实验室的熵计算相关的粗粒化区域也将远远大于从前，因为它包含了银河系里所有自由度，而不仅仅是与实验室的内容有关的自由度。不过这是自然的，因为现在的熵值也适用于整个星系，而我们实验的熵只是它的一个小小的部分。

定义外自由度的参数（即除了决定实验室状态的参数之外的那些确定星系状态的自由度）为我们呈现了一个巨大的外相空间$\mathcal{X}$，还有$\mathcal{X}$中的一个粗粒化区域$\mathcal{W}$，它刻画了实验室外的星系的状态。见图1.9。整个星系的相空间$\mathcal{G}$由全部参数（决定空间$\mathcal{X}$的外参数和决定空间$\mathcal{P}$的内参数）的集合来定义。数学家们把空间$\mathcal{G}$称作$\mathcal{X}$和$\mathcal{P}$的积空间[1.4]，写作

$$\mathcal{G} = \mathcal{P} \times \mathcal{X}$$

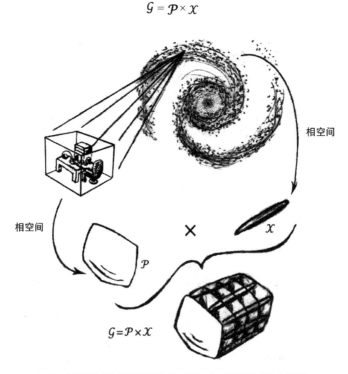

图1.9　实验者考虑的相空间只是包含了银河系的所有外自由度的外空间的一个极小部分

其维数是 $\mathcal{X}$ 的维数与 $\mathcal{P}$ 的维数之和（因为它的坐标是 $\mathcal{X}$ 的坐标和 $\mathcal{P}$ 的坐标的合并）。图1.10说明了积空间的概念，其中 $\mathcal{X}$ 是平面，而 $\mathcal{P}$ 是直线。

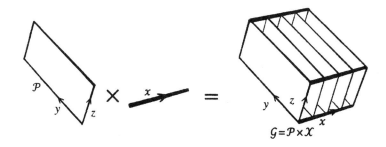

图1.10　积空间，其中 $\mathcal{X}$ 是平面而 $\mathcal{P}$ 是直线

假定外自由度完全独立于内自由度，空间 $\mathcal{G}$ 中的相关粗粒化区域就将是 $\mathcal{X}$ 中的粗粒化区域 $\mathcal{W}$ 与 $\mathcal{P}$ 中的粗粒化区域 $\mathcal{V}$ 的乘积（见图1.11）。

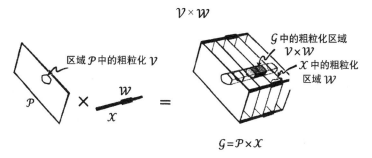

图1.11　积空间的粗粒化区域是各组成空间的粗粒化区域之积

而且，积空间的体积元也是组成空间的体积元的乘积，于是 $\mathcal{G}$ 中的粗粒化区域 $\mathcal{V} \times \mathcal{W}$ 的体积为 $\mathcal{X}$ 中的粗粒化区域 $\mathcal{W}$ 的体积 W 与 $\mathcal{P}$ 中的粗粒化区域 $\mathcal{V}$ 的体积 V 的乘积 WV。利用对数把乘积转换为求和的性质，我们就得到玻尔兹曼熵为

$$k \ln (WV) = k \ln W + k \ln V$$

即实验室内的熵与实验室外的熵之和。这正好告诉我们独立系统的熵是"加"在一起的，表明熵的数值可以赋予物理系统的任何一个部分，而与系统的其他部分无关。[34]

我们这儿考虑的情形中，$\mathcal{P}$指的是与实验室有关的自由度，χ则是与外星系有关的（假定彼此独立），我们发现实验者赋予正在进行的实验的熵值 $k \lg V$，在忽略外自由度时，将不同于考虑外自由度时的熵值 $k \lg (WV)$，差别恰好是 $k \lg W$，即赋予外星系的自由度的熵。这额外的部分对实验者没有意义，因而在研究实验室的第二定律时，可以安全地忽略它。然而，当我们在3.4节考虑整个宇宙的熵平衡时，特别是在考虑黑洞的熵贡献时，我们会发现这些外熵是不能忽略的，因而对我们具有根本性的意义！

1.4 熵概念的刚性[35]

关于整个宇宙的熵的问题，暂且放到一边。现在可以只管玻尔兹曼公式的值，因为它为我们提供了一个极好的概念，说明物理系统的熵到底应该定义成什么。玻尔兹曼是在1875年提出那个定义的，在前人的基础上大大前进了一步，从而我们现在才可能将熵的概念用于最普遍的情形[1.5]，而无需什么假定，例如要求系统处于什么特别的稳定状态之类。不过，这个定义也有模糊的地方，主要在于对"宏观参数"的意义有不同的认识。例如，我们可以想象未来有可能测量流体状态的很多细节，而在今天它们是"不可测量的"。

不仅是测量诸如压力、密度、温度和流体在不同位置的速度，未来还可能高度精确地确定流体分子的运动，甚至测定流体内特定分子的运动。于是，相空间的粗粒化必然要比过去精细得多。结果，这个新方法所确定的流体的某个特殊状态的熵，可能会比以前确定的熵小一些。

有些科学家提出[1.6]，像这样用新方法来确定系统更详尽的细节，总会使测量仪器的熵增大，它将弥补因为精密测量而必然导致的系统熵的减小。于是，精细的系统测量也会在总体上导致熵的增大。这是非常合理的，但即使我们考虑这一点，玻尔兹曼的熵定义仍然有一点儿模糊。例如，整个系统的"宏观参数"由什么构成，我们并没有客观的标准，而且也几乎不可能通过那些思考来澄清。

19世纪大数学物理学家麦克斯韦（James Clark Maxwell，他的电磁学方程我们已经在前面引介过了，见1.1和1.3节）曾想象过这类事情的一个极端例子。他构想了一个"小妖"，她能通过打开或关闭一扇小门来为单个分子引路。这样，用于气体本身的第二定律就失灵了。不过，为了考虑整个系统，将麦克斯韦小妖的身体也作为一个物理实体包括在内，那么我们的图景中就必须显现小妖的亚微观组成，倘若这样，第二定律依然能保住。

更现实地说，我们设想用某个小小的机械装置来替代小妖，然后我们可以说第二定律对整个结构依然成立。然而，在我看来，这种想象并没恰当地解决宏观参数由什么构成的问题，而且那种复杂系统的熵的定义，多少还是有点儿神秘。像流体熵那样显然确切定义了的物理量，竟要依赖于当下的技术状态，确乎有点儿奇怪！

　　然而值得注意的是，在通常的方式下，如此的技术进步，能给可 [37]
能赋予系统的熵值带来多少改变呢？整体说来，以那种方式重新划
分粗粒化区域的边界，和改进技术一样，只能很小地改变系统的熵值。
我们必须记住，鉴于测量仪器在任何时候所能达到的精度，为系统赋
予的熵的精确值可能总会存在一定的主观性，但我们不会因为这个理
由而认为熵不是有物理意义的概念。事实上，在通常情况下，那种主
观性的影响是微乎其微的。原因在于，不同粗粒化区域倾向于占据悬
殊的体积，其边界的细微的重新划分对其赋予的熵值不会产生显著的
变化。

　　为具体感受这一点，我们再来看红蓝墨水的简化图像。假定它有
10^{24} 个组成部分，占据着相同数量的红色和蓝色小球。如果在一个
$10^5 \times 10^5 \times 10^5$ 的立方格子里蓝色球的比例在 0.999 和 1.001 之间，我们
就认为那个位置是紫色的。而如果用更精密的仪器，那么我们能在更
精细的尺度上更加精确地判断红蓝球的比例。假定只有当红球与蓝球
的比例在 0.9999 和 1.0001 之间时（从而红球和蓝球的数量在万分之一
的精度上相等）——比前面要求的精度高 10 倍——我们才认为混合
体是均匀的，而且还假定检验的区域只需要原来尺度的一半——即
体积为原来要求的八分之一。尽管这样能把精度提高很多，但我们发
现为"均匀紫色"状态所赋予的"熵"（即满足条件的状态数的对数）
几乎没有什么变化。所以，"改进技术"不会有效改变我们在这种情
形下所得到的熵的数值。

38 　　这当然只是一个"玩具模型"（而且是构形空间而不是相空间的玩具模型），我们用它来强调这样的事实：在确定"粗粒化区域"过程中的"宏观参数"的精度改变，不会引起显著的熵值的改变。熵之所以具有这种刚性，就是因为我们面对的粗粒化区域的数量很大，尤其是不同区域尺度的差别很大。更现实的情形，我们可以考虑洗澡时候的熵增。为简化起见，我不想估算真正的洗澡过程的熵增（尽管它并非微不足道），而只关心冷热水混合（在浴缸里混合或在水龙头里混合）时发生的事情。我们可以合理假定，热水流出时的温度为50℃，而冷水为10℃，浴缸里的水的体积为150升（一半热水，一半冷水）。结果，熵增大约是21407J/K，相当于我们在相空间的点从一个粗粒化区域移动到一个大10^{27}倍的区域！至于粗粒化区域的界线该精确划在什么地方，随你怎么划，只要看起来合理，都不会对这样尺度的数字产生大的影响。

　　还有一个相关问题需要在这儿提出来。我前面说的仿佛意味着粗粒化区域定义明确而且边界确定，但严格说来，不论我们用什么可能的"宏观参数族"，情况都没那么简单。实际上，不论粗粒化区域的边界划在哪儿，如果我们考虑相空间中靠得很近的两点（分别在边界的两边），则它们几乎代表同一个状态，从而有着同样的宏观表现。可是从所属不同粗粒化区域来看，这两个点却是"可以宏观区分的"！[1.7] 为解决这个问题，我们可以要求在粗粒化区域的边界处存在一个"模
39 糊区"。另外，考虑到作为"宏观参数"的量的主观性，我们干脆就不管相空间中处于"模糊边界"的点（见图1.12）。我们有理由认为，与粗粒化区域的体积比起来，那些点占据的相空间体积是微不足道的。所以，不论把边界附近的点划归哪个粗粒化区域，都是无关紧要

的，不会真的给系统在通常情形下的熵值带来什么影响。于是，我们再一次看到，系统的熵的概念是十分刚强的——尽管定义并不十分严密——这都是因为粗粒化区域数量巨大而不同区域的体积相差十分悬殊。

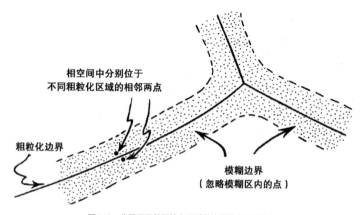

图1.12 分隔不同的粗粒化区域的边界的"模糊区"

尽管说了那么多，我们还要指出，在很多特别难以把握的情形下，诸如"宏观不可区分"之类的粗糙概念看起来就不够用了，甚至会给熵带来相当错误的答案！一种情形出现在用于核磁共振（NMR）的自旋回波现象［哈恩（Erwin Hahn）在1950年第一次发现的］。在这个现象里，原先处于某个特殊磁化态（核自旋[1.8] 近似排列在一个方向）的材料，会在一个变化的外加电磁场的影响下失去磁化；然后，[40]由于大量不同速率的自旋复杂地组合在一起，有不同的速率，自旋核将呈现杂乱无章的构形。但是，如果这时候小心地将外场倒转，那么所有核自旋都会回到原来的状态，于是，初始的磁化态奇迹般地恢复了！从宏观测量来看，熵在系统向中间态（核自旋杂乱的态）转化的过程中似乎是增大了——符合第二定律——但是当核自旋在倒转的

外加电磁场作用下重新获得在中间态失去的秩序时，第二定律似乎也被彻底地颠覆了，因为在最后这个过程中，熵减小了。[1.9]

事情是这样的：尽管自旋在中间状态看起来杂乱无序，在那些杂乱的自旋排列中却存在着一个精确的"隐序"，只有当外磁场的运动模式发生反转时，这个隐藏的秩序才会显露出来。类似的情形还出现在 CD 和 DVD 光碟中，任何寻常的"宏观测量"都不可能揭示贮存在光碟里的丰富信息，但为解读那些光碟而专门设计的播放器，却能毫不费力地读取其中的信息。为探测隐序，我们需要一种能适用于大多数情形的、比"普通"宏观测量更为精巧的"测量"形式。

其实，为了发现这类普遍的"隐序"，我们并不必真的像考察小磁场那样考虑任何精巧的技术。基本类似的事情也发生在更简单的装置（图1.13，详情见注释[1.10]）。

红色带

图1.13　两个紧贴的玻璃管，其间灌注黏性液体和一条色带

这个装置由两个圆柱形玻璃管组成，其中一个放在另一个的内部，两管之间留有很小的空隙，均匀注入些许黏性液体（如甘油）。内管接一个手柄，可以让它相对于固定的外管旋转。实验开始时，将一条发亮的红色染料细带插入液体，与圆柱轴线平行（图1.14）。然后，摇动手柄转几圈，染料带会扩散开去，沿着圆柱均匀分布，而先前的色

带不留下一点儿痕迹，液体却变成淡淡的红色。不管我们选择什么合理的"宏观参数"来确定染红的黏性液体的状态，熵看起来都增大了，因为现在染料已经均匀扩散到流体了。（这儿的情形看起来很像我们在1.2节里考虑的混合红蓝墨水时发生的事情。）然而，假如现在沿反方向摇动手柄，转动同样的圈数，我们会惊讶地发现，红色的染料带又重新出现了，而且几乎和它在初始的地方一样清晰！如果说熵在第一次摇动时真的增大到了那个状态下的值，而在重新摇动后它又几乎回到了初始的值，那么重新转动的过程就严重颠覆了第二定律！

图1.14　手柄转动几圈使色带散开，然后反向转动同样的圈数，色带重新出现，从而违反第二定律

在这两种情形下，通常都不认为第二定律真的被破坏了，而是这些情形下的熵的定义不够精密。在我看来，如果要求一个精确而客观的物理熵的定义，能适用于所有情形，能让关于它的第二定律普适地成立，那我们就捅了马蜂窝。我看不出有什么理由对熵的概念提那么 42

多的要求：总要有精确的物理意义，要有明确的定义，要完全客观从而在某种绝对的意义上"自由地"回归自然[1.11]，而且那个"客观的熵"几乎永远不会随时间而减小。对玻璃管间染红的黏性液体，或者核自旋的构形 —— 尽管怀着对先前秩序的精确"记忆"，但看起来已经完全失去了组织 —— 我们真的必须要一个满足它们的实实在在的熵概念吗？我看不出这有什么必要。熵当然是一个极其有用的物理概念，但我不明白为什么要为它赋予一个真正基本而且客观的物理角色。其实，在我看来，熵的物理概念的用处似乎主要源于下面的事实：对我们可能在真实的宇宙遭遇的系统来说，通常的"宏观"物理量的度量导致了不同的粗粒化区域，它们的体积相差很多个数量级。然而，还有一个更深层的问题：为什么它们在我们的宇宙中会相差那么多数量级？这些悬殊的量揭示了我们宇宙的一个值得注意的事实，那才真43 的是确凿客观而且"自在"的 —— 我们很快就会看到这一点 —— 尽管我们承认我们的"熵"概念存在着主观性问题，但那只不过是漂浮在这个有着广泛用场的物理概念上的一层薄雾。

44 1.5　挡不住的熵增

现在我们来看，为什么系统向未来演化时，熵应该像第二定律要求的那样增大。设想我们的系统从熵相当低的状态出发 —— 这样，刻画系统时间演化的一点 p（在相空间 $\mathcal{P}$ 运动），就可以从一个相当小的粗粒化区域 $\mathcal{R}_0$ 中的点 p_0 出发（图1.15）。我们别忘了，前面说过，不同的粗粒化区域会倾向于多个数量级的悬殊，而相空间 $\mathcal{P}$ 的巨大尺度也意味着任何一个特殊的粗粒化区域附近都可能存在大量的粗粒化区域。（我们的2维和3维图像在这一点上特别容易令人误会，但我

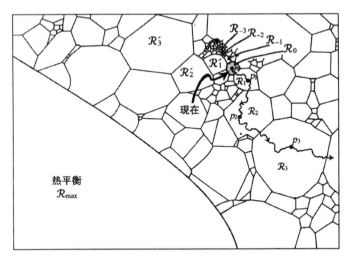

图1.15　系统从一个相当小的粗粒化区域的 p_0 点开始演化

们看到，邻域的数量随着维数的增大而增大 —— 如2维情形是6个，

3维情形是14个；见图1.16）。于是，p 点刻画的演化曲线，在离开起

点 p_0 所在的区域 $\mathcal{R}_0$ 而进入下一个粗粒化区域 $\mathcal{R}_1$ 时，极有可能发现 $\mathcal{R}_1$

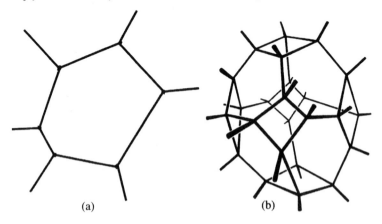

图1.16　随着维数增大，相邻粗粒化区域的典型数目迅速增大。
（a）$n=2$，一般有6个相邻区域；（b）$n=3$，可以有14个相邻区域

的体积要比$\mathcal{R}_0$的大得多 —— 因为，点p似乎不太可能进入一个体积
小得多的区域，尽管它可能靠运气像俗话说的那样从谷草堆里找出一
根绣花针。但在这里，那几乎是不可能的事情！

结果，$\mathcal{R}_1$的体积的对数会比$\mathcal{R}_0$的体积的对数大一些，尽管与实
际的体积增长比起来要缓和得多（见前1.2节），所以熵也多少会增大
一些。于是，当点p进入另一个粗粒化区域（如$\mathcal{R}_2$）时，我们还是很
可能会看到$\mathcal{R}_2$的体积远大于$\mathcal{R}_1$的，因此熵又会增大一些。接着，点
p进入下一个区域（如$\mathcal{R}_3$），比先前的区域更大，因而熵继续增大，增
大 …… 另外，因为那些粗粒化区域的体积在增大，一旦点p进入一
个较大的区域，我们就认为它实际上不可能 —— 即"几乎肯定没有
可能" —— 重新进入某个更小的区域，即那些熵值像先前那么小的尺
度小得多的区域。于是，随着时间的流逝，熵肯定会不停地增大，尽
管远比空间体积的增大缓和。

当然，以这种方式获得更小的熵值也并非完全不可能，我们只是
说出现这种熵减小的可能性必然是微乎其微的。我们得到的熵增只是
代表了一种趋势，而那趋势应该作为事物的正常状态，其演化进程并
不特别偏向相空间的任何粗粒化区域，仍然可以认为点p在相空间里
的轨迹在本质上是随机的，尽管演化实际上遵从确定而且完全决定论
的牛顿力学的过程。

我们当然有理由问，为什么p要像上面说的那样一步步进入越来
越大的粗粒化区域，而不直接进入最大的粗粒化区域$\mathcal{R}_{max}$呢？这里，
$\mathcal{R}_{max}$指通常说的热平衡，$\mathcal{R}_{max}$的体积将超过其他所有粗粒化区域加

在一起的总和。实际上，可以预期 p 最终会达到 $\mathcal{R}_{max}$，那时，它几乎会一直留在那个区域，只有非常偶然才会溜进更小的区域（即热涨落）。但演化曲线肯定描述的是一个连续的演化，一个时刻的状态不大可能与前一时刻的状态截然分开。于是，粗粒化区域的体积也不可能比相邻区域大很多数量级，也就不可能跳跃到 $\mathcal{R}_{max}$，尽管演化曲线经历的粗粒化区域确实有着巨大的体积差别。我们不指望熵也那样不连续地跳跃，它只能逐步地经过越来越大的值。 [47]

这看起来很令人满意，而且令我们相信熵向着未来渐长是完全自然的期许，几乎用不着更深入的考虑——当然，为了满足纯数学的爱好，还需要一些严格的细节。前一节说的鸡蛋，从"现在"时刻处于桌子的边缘，然后落下，在地面打碎，真是一个熵增大的演化。正如上面所说，这完全符合相空间体积增大的简单图景。

然而，我们可以提出另一个问题，略不同于鸡蛋未来行为的问题。让我们来问问鸡蛋过去的可能行为。我们想知道，"鸡蛋最可能以什么方式才能在开始的时候处在桌子的边缘？"

我们可以试着用前面的方法来回答这个问题。前面我们是从系统的**现在**开始寻求它最可能的未来演化，而这里我们要问的是，什么样的最可能的过去演化才会引出**现在**的系统状态。我们的牛顿定律在过去时间方向上也能很好成立，而且给我们描绘了一幅决定论的过去演化图景。于是，某一条演化曲线在相空间 $\mathcal{P}$ 中到达点 p_0，就描述了那个过去演化，显现了鸡蛋碰巧处于桌子边缘的路线。为发现鸡蛋"最可能"的过去历史，我们再来考察邻近 $\mathcal{R}_0$ 的粗粒化区域，我们会再次

48　看到它们有着十分悬殊的大小。于是，以点 p_0 为终点而进入区域 $\mathcal{R}_0$ 的演化曲线，绝大多数都来自体积远大于 $\mathcal{R}_0$ 的区域（如 $\mathcal{R}_1$），而只有极少数来自小得多的区域。假定演化曲线来自比 $\mathcal{R}_0$ 大得多的区域 $\mathcal{R}'_1$。而在此之前，还应该存在大小悬殊的相邻区域，我们还会看到绝大多数进入 $\mathcal{R}'_1$ 的演化曲线都来自远比 $\mathcal{R}'_1$ 大的粗粒化区域。于是，我们可以再假定进入 $\mathcal{R}'_1$ 的过去演化曲线来自某个比 $\mathcal{R}'_1$ 大得多的区域 $\mathcal{R}'_2$，同样，进入 $\mathcal{R}'_2$ 的来自比 $\mathcal{R}'_2$ 更大的 $\mathcal{R}'_3$，等等。见图1.15。

　　我们的推理大概就得到这样的结论，但它有意义吗？这样的演化曲线将远远多于那些从一系列更小区域（如 $\cdots$，$\mathcal{R}_{-3}$，$\mathcal{R}_{-2}$，$\mathcal{R}_{-1}$，$\mathcal{R}_0$ 等）到达点 p_0 的演化曲线。那些演化可能确实发生过，在时间增大的方向上，其区域的体积从小变大，这是符合第二定律的。我们的推理路线不但没有为第二定律提供支持，似乎还把我们引向了完全错误的答案，令我们相信过去的演化在不停地粗暴地背离第二定律！

　　我们的推理似乎令我们相信，鸡蛋要是一开始就处于桌子边缘，那么极有可能的是，它原来是桌子底下的蛋壳碎片和一摊蛋黄蛋清的混合（有些还黏在地毯上）。然后，这一堆黏乎乎的东西自发聚合起来，地毯里的东西也自动析出来，蛋黄和蛋清完全分开，装进自动封闭的蛋壳里，形成一个完好无损的鸡蛋。接着，鸡蛋从地板上跳起来，以恰到好处的速度跳上桌子的边缘。我们上面的推理就导致类似这样的行为：一条"可能的"演化曲线依次通过体积越来越小的区域，如 $\cdots$，$\mathcal{R}'_3$，$\mathcal{R}'_2$，$\mathcal{R}'_1$，$\mathcal{R}_0$。但这与实际发生的事情是完全矛盾的。事实是，一个粗心人把鸡蛋放在桌上，没留意它就滚下去了。那个过程是与第二定律一致的，在相空间 $\mathcal{P}$ 内，它表现为一条演化曲线穿过一系列逐渐增大的区域 …，$\mathcal{R}_{-3}$，$\mathcal{R}_{-2}$，$\mathcal{R}_{-1}$，$\mathcal{R}_0$。当这样的论证用于过去 49
的时间方向时，它带给我们的结论大概就只能错得不能再错了。

1.6 过去为什么不同？

50

    我们的推理为什么会走入歧途呢？引导我们满怀信心地认为第
二定律必然（以压倒的概率）适用于普通物理系统的未来演化，不也
是那个看起来一样的推理吗？我说过了，这个推理的困惑在于，我们
假定演化相对于粗粒化区域来说可以认为基本上是"随机的"。当然，
正如上面说的，它并不真是随机的，因为它由动力学（牛顿）定律
精确地决定着。但我们假定在那个动力学行为里对那些粗粒化区域没
有什么特殊的偏向，这个假定对未来演化是很合适的。然而，当我们
考虑过去演化时，我们发现事情就不是那样了。例如，在鸡蛋的过去
演化行为中，就有很多偏向，如果从时间倒转的观点看，它似乎被什
么东西牵着走 —— 从一个碎鸡蛋开始，经过系列几乎不可能却符合
动力学定律的行为，达到几乎不可能的平衡态，完好无损地落在桌子
的边缘。如果这种行为能在未来方向的演化中看到，那就成了另一种
形式的目的论或魔术，当然是不可能的。为什么我们认为这种明显的
聚焦式的行为在过去方向上可以接受，而在未来方向上却要从科学上
拒绝它呢？

51

    答案 —— 尽管还谈不上"物理的解释" —— 很干脆：这种"过去
目的论"是一种普遍的经验，而"未来目的论"却是我们永远不会遇
到的东西。我们没遇到这种"未来目的论"，只不过是我们观测的宇
宙的一个事实而已，所以第二定律能很好成立，也不过是一个观测事

实。在我们认识的宇宙中，动力学定律似乎并不以任何方式指向未来目标，所以与粗粒化区域没有一点儿瓜葛，而过去方向的演化曲线的"指向"却是司空见惯的事情。如果考察演化曲线在过去的行为，我们看它似乎在"用心地"寻找越来越小的粗粒化区域。我们不觉得它奇怪，只是因为我们在经验中已经习以为常了。我们看到鸡蛋从桌面滚下来在地毯上打碎一点儿也不奇怪，但在电影里逆着时间的事件，看起来的确就非常奇怪了，说明某些事情在正常的时间方向上根本不属于我们物理世界的经验。这种"目的论"在过去方向是完全可以接受的，但不是我们的未来经验的特征。

实际上，我们也可以拿宇宙演化来理解那种"过去目的性"：假定我们宇宙的起源就表现为相空间中的一个微乎其微的粗粒化区域，从而宇宙的初始状态具有特别小的熵。只要我们认为动力学定律能满足宇宙的熵可以表现上面说过的一定程度的连续性，那么我们只需要假定宇宙的初始状态——我们所谓的大爆炸——因为某个理由而有极其微小的熵（我们将在下面看到，这个微小的数值有着相当微妙的特征）。于是，熵的一定的连续性意味着宇宙的熵自大爆炸起（沿正常的时间方向）有相对渐进的增长，这为第二定律提供了一种理论的证明。所以，关键问题其实在于大爆炸的特殊性和代表那个特殊初始状态性质的初始粗粒化区域 $\mathcal{B}$ 的异常小的尺度。

52

大爆炸的特殊性是本书要论证的核心问题。我们将在2.6节看到大爆炸该有多么特殊，而我们不得不面对那个初始状态的特殊本性。这个问题引出的深层疑难还将把我们引向一条奇异的思路，导出本书别样的基本主题。不过现在我们只需要简单指出一个事实：一旦我们接受那个特殊的状态确实生成了我们认识的宇宙，那么第二定律（以我们陈述的方式）就是一个自然结果。只要没有对应的低熵的终极宇宙状态（或类似的什么东西）呈现某种目的论的需要 —— 即宇宙的演化曲线将终结在相空间 $\mathcal{P}$ 的某个极其微小的"未来"区域 $\mathcal{F}$ 中 ——那么我们在未来方向的熵增的推理就是完全可以接受的。正是低熵的约束（要求演化曲线从极小的区域 $\mathcal{B}$ 出发）为我们在宇宙中切实体验的第二定律提供了理论基础。

不过，在更详细考察大爆炸状态（下一部分）之前，我们还要澄清几个问题。首先，偶尔有人说，第二定律的存在没什么奇怪的，因为我们的时间感觉依赖于一个增长的熵，而那是构成我们对时间的有意识感知的一部分，所以，不论我们相信"未来"的时间方向是什么，它一定就是熵增大的方向。照这个说法，如果熵相对于某个时间参数 t 在减小，那么我们对时间流的感觉就会投射到相反的方向，从而我们会认为小的时间值 t 处于我们的"过去"，而大的值在我们的"未来"。于是我们把参数 t 作为正常时间参数的倒转，从而熵依然向着我们感觉的未来增大。照这样的论证，我们对时间过程的心理感觉总是满足第二定律，而不管熵演进的物理学方向是什么。

然而，这种从我们的"时间过程的经验"出发的论证是暧昧不清的，因为我们几乎不知道"有意识的经验"需要什么物理条件 —— 即使抛开这点模糊性不说，这种论证也迷失了一个关键问题：熵概念的作用依赖于我们远离热平衡的宇宙，从而远小于 $\mathcal{R}_{\max}$ 的粗粒化区域才能进入我们寻常的经验。另外，熵是均匀增大或均匀减小，依赖于相空间中演化曲线的一端（不是两端）约束在一个非常小的粗粒化区

53

域，而这只是可能的宇宙历史的一个小小场景。我们要解释的恰好是为什么我们的演化曲线遇到的粗粒化区域$\mathcal{B}$竟是那么小，而刚才那个论证根本不涉及这个问题。

有时人们还说（大概与上面的观点呼应），第二定律的存在是生命的基本前提，那样我们这样的生命才可能在第二定律成立的宇宙（或宇宙的一个阶段）中生存，第二定律是自然选择的必要组成部分，等等。这是"人存论"的一个例子，我在3.2节末尾和3.3节会简要回顾这个一般性的问题。不管这类论证在其他背景下有多少价值，在这儿几乎毫无意义。这个论证同样有暧昧不清的一面：我们对生命的物理前提的认识一点儿也不比我们对意识的理解更多。但即使抛开这点不管，甚至假定自然选择确实是生命的基本前提，确实需要第二定律，这个论证也不能解释地球上的第二定律同样适用于远离局域条件的可观测宇宙的其他任何地方和任何时刻，如几十亿光年外的星系，如地球出现生命之前的时代。

我们还需要记住下面的一点：假如我们不假定第二定律，或者不假定宇宙起源于某个极其特殊的初始状态，或具有这种一般性质的其他东西，那么我们就不能将生命存在的"不可能性"作为推导第二定律的前提（它早就在发生作用了）。不论看起来多奇妙、多悖于直觉，生命的产生（如果不先假定第二定律）都不大可能以自然的方式实现——不论自然选择还是其他看起来"自然的"过程——而更可能的倒是简单地从组成粒子的随机碰撞中产生出来！为什么一定是这样呢？再来看看我们在相空间$\mathcal{P}$的演化曲线。考虑粗粒化区域$\mathcal{L}$，它代表我们今天的地球，充满了生命。我们要问的是，出现这种状态的最可能方式是什么？然后我们会再次看到 —— 正如我们在1.5节说的不断剧烈减小的粗粒化区域序列 $\cdots$, $\mathcal{R}'_3$, $\mathcal{R}'_2$, $\mathcal{R}'_1$, $\mathcal{R}_0$ —— 达到 $\mathcal{L}$ 的 "最可能" 方式应该是通过某个对应的体积不断剧烈减小的粗粒化区域序列 $\cdots$, $\mathcal{L}'_3$, $\mathcal{L}'_2$, $\mathcal{L}'_1$, $\mathcal{L}$，它们代表某种看起来完全随机的以生命为目标的组合，这恰与实际发生的事情相反，完全背离了第二定律，而不是为它提供了什么例证。于是，仅凭生命存在本身并没有为第二定律的普遍有效性提供任何根据。

还有最后一点要说明的，与 "未来" 有关。我说过，第二定律（连同它对初始状态的巨大约束的结果）在我们的宇宙中成立，只是一个观测事实的问题。遥远的未来似乎并不存在相应的约束，那也只是一个观测的问题。可是我们真的确定未来的情形确实如此吗？我们没有多少直接证据能在细节上说明未来像什么样子。（我们手头的证据，将在3.1，3.2和3.4节讨论。）我们当然可以说，现在我们没有任何证据表明熵最终会降下来，从而遥远的未来最终会有一个逆转的第二定律。不过，我也看不出有什么根据可以从我们生存的宇宙中绝对排除那样的事情。虽然大爆炸过去了大约 1.4×10^{10} 年（见2.1节），似乎已经很漫长了，也没见过什么逆转第二定律的效应，但这个时间跨度和宇宙的整个未来的时间跨度（我们将在3.1节讨论）相比，简直就微不足道！如果要求宇宙一定有一条终结于某个小区域 $\mathcal{F}$ 的演化曲线，那么它后来的演化终将经历粒子间的奇异关联，而那将最终导致目的论的行为，就像我们前面1.5节描述的自我复合的鸡蛋一样奇怪。

宇宙在它的相空间 $\mathcal{P}$ 中有一条约束的演化曲线，从很小的粗粒化区域 $\mathcal{B}$ 出发并终结于另一个小区域 $\mathcal{F}$，这与动力学（如牛顿的）没有什么矛盾。这样的曲线比只是从 $\mathcal{B}$ 出发（而不终结于 $\mathcal{F}$）的曲线少得多，但我们一定已经习惯了这样的事实：从 $\mathcal{B}$ 出发的曲线 —— 这似乎正是我们宇宙的情形 —— 只代表了所有可能性中的极小部分。两端都约束在小区域的演化曲线代表的可能性就更小了，但它们的逻辑地位没有多大不同，我们不能随便将它们排除。对这些演化来说，将有一个第二定律作用于宇宙的早期阶段，这正是我们认识的宇宙的情形；但在宇宙的极晚期，我们将看到一个逆转的第二定律，熵最终随时间而减小。

　　我本人并不认为第二定律最终逆转的可能有任何道理 —— 它对我将在本书提出的主要观点也不起什么重要作用。不过，我们还是应该明白，尽管我们的经验没有为第二定律的最终逆转提供任何线索，那种终极状态从本质上说并不荒谬。类似的奇异可能性不一定能排除，我们必须有一个开放的心态。在本书第3部分，我要提出一个不同的建议，开放的心态也有助于理解我要说的东西。当然，我的观点怎么说也是基于我们宇宙的一些值得注意的事实 —— 基于我们能从理性确定的事实。那么，我们就从下一部分开始，说说我们所知道的大爆炸。

第1章
注释

[1.1] 哈米尔顿理论是一个囊括了所有标准经典物理学的框架，建立了与量子力学的基本关联。见 Penrose（2004），*The Road to Reality*，Random House，Ch. 20.（彭罗斯《通向实在之路》，王文浩译，湖南科学技术出版社，2007）

[1.2] 普朗克公式：$E = h\nu$.符号解释见注释2.18。

[1.3] Erwin Schrödinger（1950），*Statistical thermodynamics*，Second edition，Cambridge University Press.

[1.4] 这个"积"与普通整数的乘法是一致的，即 m - 点空间与 n - 点空间的积空间是一个 mn - 点空间。

[1.5] 1803年，数学家拉扎尔·卡诺（Lazare Carnot）发表《平衡和运动的基本原理》，关注了"活动矩"（即有用的功）的损失。这是能量或熵的转换概念的第一次陈述。萨迪·卡诺（Sadi Carnot）接着假定，"某些卡路里总是以机械功的形式损失"。1854年，克劳修斯（Clausius）发展了"内功"（即物体的原子作用于彼此的功）和"外功"（即物体所受的外在影响所产生的功）的概念。

[1.6] Claude E. Shannon，Warren Weaver（1949），*The mathematical theory of communication*，University of Illinois Press.

[1.7] 从数学来说，出现这样的问题是因为"宏观不可区分性"不属于所谓可迁的性质，即态A和B不可区分，B和C也不可区分，但A和C却可区分。

[1.8] 要确切理解原子核的"自旋"，需要考虑量子力学，不过从合理的物理图像看，我们只需要想象原子核在相对于某个轴"自转"，和板球或棒球的旋转一样。"自旋"的总量部分来自构成原子核的一个个质子和中子的自旋，还有部分来自它们相对于彼此的旋转运动。

[**1.9**]　E. H. Hahn（1950），"Spin echos". *Physical Review* 80, 580-594.

[**1.10**]　J. P. Heller（1960），"An unmixing demonstration". Am. J. Phys. 28:348-353.

[**1.11**]　不过，也许在黑洞的情形，熵概念需要一个真正客观的度量。我们将在2.6和3.4节讨论这个问题。

第 2 章
奇异的大爆炸

2.1　我们膨胀的宇宙

59

　　大爆炸：我们相信到底发生了什么？有明确的观测证据证明原初爆炸真的发生过 —— 从而我们整个宇宙才从它诞生出来？前面部分提到的问题，其核心在于：如此暴烈的事件，怎么能代表熵值极其微小的状态呢？

　　起初，我们对宇宙起源于爆炸的信心，来自美国天文学家哈勃（Edwin Hubble）令人信服的宇宙正在膨胀的观测。那是在1929年，尽管斯里弗（Vesto Slipher）早在1917年就发现了膨胀的信号。哈勃的观测则相当令人信服地证明遥远星系正在远离我们而去，退行的速度大约正比于它们到我们的距离。所以，如果我们倒推回去，就会得出万物迟早会在某个时候聚拢在一起的结论。万物的汇聚将产生巨大的爆炸 —— 即我们今天说的"大爆炸"—— 所有物质归根结蒂都从它起源而来。后来的很多观测和具体的实验（有些我马上就说）都证实而且强化了哈勃最初的结论。

　　哈勃的思路基于遥远星系发出的光谱线的红移。名词"红移"指 60

的是遥远星系的不同原子发射的频谱在地球上看来会略向红端移动（图2.1），这是一种均匀的频率减小，可以解释为多普勒频移，[2.1] 即因为观测对象以可观的速度离开观测者而产生的谱线红化现象。距离我们越远的星系红移越大，红移与视距离的关系正好符合哈勃的宇宙在空间均匀膨胀的图像。

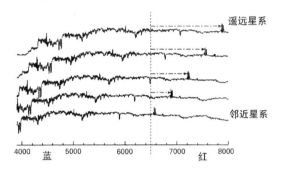

图2.1　遥远星系的原子发出的谱线的"红移"与多普勒频移的解释一致

接下来的年月里，观测和解释都更加精密。可以说，不仅哈勃原来的观点被普遍证实了，最近的工作更是非常具体地说明了宇宙膨胀速率如何随时间而变化，呈现了一幅我们今天普遍接受的图景（尽管在一些细节问题上还能听到反对的声音[2.2]）。特别是，关于宇宙物质都聚集在起点的那个时刻 —— 也就是我们所说的"大爆炸"，[2.3] 我们已经确立了一个相当严格且大家都认同的年代：大约 1.37×10^{10} 年前。

我们不能认为大爆炸局限于空间的某个特殊区域。根据爱因斯坦的广义相对论，宇宙学家们的观点是，大爆炸在发生的时刻包含了宇宙的整个空间范围，因而囊括了物理空间的全部，而不仅是其中的物质组成。因此，在一定意义上，那个时刻的空间应该是非常微小的。为理解这类疑难，有必要熟悉爱因斯坦的弯曲时空的广义相对论思想是怎么回事。在2.2节，我将以非常严格的方式讲述爱因斯坦的理论，不过现在我们只讲一个人们经常用的类比，即正在吹胀的气球。宇宙犹如气球的表面随时间而膨胀，而整个空间也随之膨胀，并不存在一个开始膨胀的宇宙中心点。当然，气球膨胀所在的3维空间确实包含气球内的一点作为气球表面的中心点，但这一点本身不是气球表面的一部分，我们只是用那个表面来代表整个宇宙的空间几何。

观测所揭示的依赖于时间的宇宙膨胀确实令人惊奇地满足爱因斯坦广义相对论的方程，不过条件是那理论似乎还必须包含两个意外的因子，即现在通常说的"暗物质"和"暗能量"（两个有点儿不幸的名字）[2.4]。两个因子对我要读者随时参考的方案都有着非常重要的意义（见3.1和3.2节）。它们眼下是现代宇宙学标准图像的组成部分，但应该指出并不是本领域的所有专家都完全接受它们。[2.5] 不过就我而言，我很乐于接受存在某种不可见材料——"暗物质"——它有着我们未知的性质，还占宇宙物质的70%，而且也认同爱因斯坦的广义相对论方程必须具有他本人在1917年提出的修正形式（尽管他后来否决了），在方程里包含一个正而小的宇宙学常数Λ（"暗物质"的最可能形式）。

应该指出，爱因斯坦的广义相对论（有或没有小常数Λ）在太阳系尺度经受了极好的检验。即使非常实用的全球定位系统（如今正普遍应用），其运行精度也依赖于广义相对论。更令人难忘的是爱因斯坦理论模拟脉冲双星系统的异乎寻常的精度——总体精度达到了10^{14}分之一（为确定双星系统PSR－1913+16发出的脉冲信号的时间间隔，在大约40年的周期里，精度达到了大约每年10^{-6}秒）。[2.6]

62

　　最初的宇宙学模型，基于爱因斯坦理论的，是俄罗斯数学家弗里德曼（Alexander Friedmann）在 1922 年和 1924 年提出的。在图 2.2 中我勾勒了这些模型的时空历史，描绘了 3 个时间演化情形（令 $\Lambda=0$），其中宇宙的空间曲率分别是正、零和负。[2.7] 照我一贯的约定，几乎所有时空图中，竖直方向代表时间演化，水平方向代表空间。在这 3 种情形，都假定空间几何是完全均衡的（即均匀和各向同性的）。具有这种对称性的宇宙学模型叫弗里德曼－勒梅特－罗伯森－沃克模型（*Friedmann-Lemaitre-Robertson-Walker*，FLRW）。最初的弗里德曼模型是它的特例，其物质表述为一种无压力流体，即"尘埃"（也见2.4 节）。

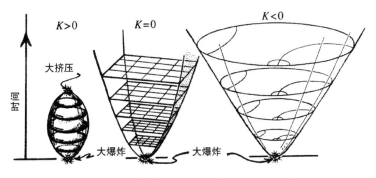

　　　　图 2.2　弗里德曼宇宙模型的时空历史，空间曲率分别为正、零和负（从左到右）

　　根本来说，[2.8] 我们要考虑的空间几何只有 3 种情形：$K>0$ 的正空间曲率情形，空间几何是球面（如我们在前面说过的气球）的 3 维类比；$K=0$ 的平直情形，空间几何是我们熟悉的 3 维欧里得几何；负曲率 $K<0$ 的双曲 3 维空间几何。幸运的是，德国艺术家埃舍尔（Maurits C. Escher）用镶嵌的天使和魔鬼精妙地描绘了这些不同类型的几何（图 2.3）。我们必须记住，这些图描绘的是 2 维空间几何，但

所有3种几何的3维类比也存在于全部的3个空间维。

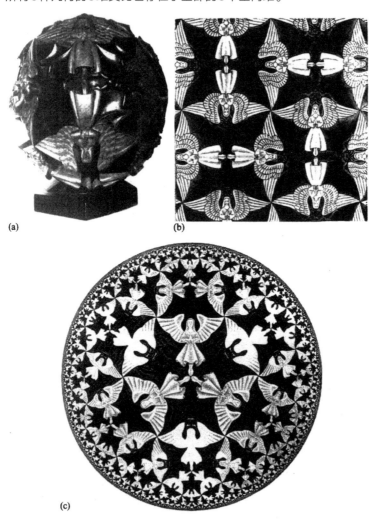

(a)

(b)

(c)

图2.3 埃舍尔描绘的三种基本的均匀平面几何：
(a) 椭圆型 (正曲率, $K>0$)；
(b) 欧几里得几何 (平直, $K=0$)；
(c) 双曲型 (负曲率, $K<0$) Maurits C. Escher公司版权所有 (2004)

　　这些模型都从一个"**大爆炸**"的奇异状态开始 —— "**奇异**"指物质密度和时空几何的曲率在那个初始状态变得无穷大 —— 从而爱因斯坦的方程（以及我们所知的整个物理）在那个奇点"崩溃"了（不过，见3.2节和附录）。要注意的是，这些模型的时间行为都相当程度地反映了其空间行为。空间有限的情形 [$K > 0$, 图2.3（a）] 也是时间有限的情形，不仅有一个初始的大爆炸奇点，还有一个终点，即普遍所指的"大挤压"。另外两种情形 [$K \leqslant 0$, 图2.3(b)，(c)] 不仅是空间无限的，也是时间无限的，膨胀会无限进行下去。[2.9]

　　然而，大约自1998年两个观测小组 —— 分别由佩尔穆特（Saul Perlmutter）和施密特（Brian P. Schmidt）领导 —— 分析他们的遥远超新星爆发的数据以来，[2.10] 越来越多的证据强烈表明宇宙的膨胀在后期阶段并不符合图2.2所示的标准弗里德曼宇宙学预言的演化速率。相反，我们的宇宙看起来已经开始加速膨胀了，其速度似乎只有用包含了宇宙学常数 Λ（具有正的微小数值）的爱因斯坦方程才能解释。这些连同后来的各种观测提供了相当可信的证据，[2.11] 说明 $\Lambda > 0$ 的弗里德曼宇宙模型具有指数式膨胀的特征。这种指数式膨胀不仅发生在 $K \leqslant 0$ 的情形 —— 在这种情形，即使到遥远的未来 $\Lambda = 0$ 时也总会无限膨胀 —— 也发生在空间闭合的 $K > 0$ 的情形，只要 Λ 足够大，能克服闭合弗里德曼模型具有的空间重新坍缩的倾向。实际上，确有证据真的表明存在一个足够大的 Λ —— 因而 K 的数值（和符号）对膨胀速率就显得不那么重要了 —— 而确实出现在爱因斯坦方程的 Λ 的（正）值，将在演化的后期起主导作用，激发指数式的膨胀，在可接受的观测范围内独立于 K 的数值。于是，我们有一个膨胀速率基本符合图2.4的曲线的宇宙，其时空图的表现符合图2.5。

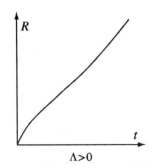

图2.4 正Λ情形的宇宙膨胀速率，最终以指数形式增长

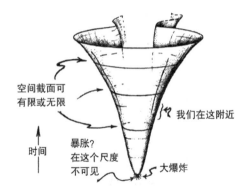

图2.5 宇宙的时空膨胀，正Λ情形的图像（示意图，不受K值的影响）

这样看来，我不必特别关心宇宙空间几何的那3种可能性之间的 [66] 区别。实际上，当前的观测表明宇宙的整体几何非常接近$K=0$的平直情形。一方面说，这多少有些不幸，因为它意味着我们真不知道宇宙的空间几何到底像什么样子 —— 例如，宇宙一定是空间闭合的抑或是空间无限的 —— 如果缺乏有力的理论根据相信平直时空，那么总曲率是正是负，都有一定的可能性。

　　另一方面，很多宇宙学家认为宇宙暴胀的观点就提供了一个有力的理论根据，令我们相信宇宙的空间几何一定真的是平直的（$K=0$，除了相对小的局部偏离），所以他们为接近平直的观测结果感到欣喜。宇宙暴胀是一个理论建议，认为在大爆炸之后的一个非常小的时间间隔内（大约在 10^{-36} 到 10^{-32} 秒之间），宇宙经过了一个指数式膨胀，线性尺度增大了约 10^{30} 或 10^{60}（甚至 10^{100}）倍。我以后还要细说宇宙暴胀（见 2.6 节），不过现在我只是提醒读者我对那个特别的建议没多大兴趣，尽管它在当下宇宙学家中赢得了普遍的欢迎。不管怎么说，宇宙历史的早期出现那么一个暴胀的阶段，不会改变图 2.2 和图 2.5 的面貌，因为暴胀的效应只显现在紧跟大爆炸的极早时期，不会出现在图 2.2 和图 2.5 所画的尺度。另外，我将在本书提出的一些观点，大概能可信地替代暴胀来解释那些观测现象 —— 它们似乎只是在当前流行的宇宙学纲领下才依赖于暴胀（见 3.5 节）。

　　除了这些考虑，我呈现 2.3（c）的图画还有一个很不一样的动机，因为它说明了一点对我们以后有着根本意义的东西。埃舍尔的这幅美妙版画是基于双曲面的一种特殊表示，那是天才的意大利几何学家贝尔特拉米（Eugenio Beltrami）在 1868 年提出的几种表示之一。[2.12] 大约 14 年后，同样的表示被法国大数学家庞加勒（Henri Poincaré）重新发现了，所以它们通常是与他的名字联系在一起的。为避免名词的混淆，我通常会简单地称它为双曲面的共形表示，名词"共形"指的是那个几何中的角度在画它的欧几里得平面中都得到了正确的表示。共形几何的思想将在 2.3 节做更详细的解说。

　　我们将认为，这个几何中所有魔鬼在所示的双曲几何中都是全同的；同样，所有的天使也是全同的。显然，根据背景的欧几里得度量，我们越靠近圆周的边界，它们的尺寸越小；但角度或无穷小形状的表示在接近边界时也是真实的。圆边界本身代表几何的无穷大，我要在这里向读者指出的，正是这种表现为有限光滑边界的无穷大共形表示，它将在我们以后的思想中起着核心作用（特别是2.5节和3.2节）。

2.2　无所不在的微波背景

68

　　20世纪50年代，一个流行的宇宙理论是所谓的稳恒态模型，是戈尔德（Thomas Gold）和邦迪（Hermann Bondi）在1948年提出的[2.13]，那时他们都在剑桥大学。理论要求物质在整个空间以极低的速率连续生成。物质以氢分子形式出现——每个分子包含一个质子和一个中子，从真空生成——产生的速率极其微小，大约每十亿年每立方米生成1个原子。这个速率恰好能填补因为宇宙膨胀引起的密度减小。

　　从许多方面看，这是一个很有哲学趣味和美学愉悦的模型，因为它的宇宙不需要时间和空间的起源，很多性质都可以归结到它的自我繁殖。这个理论提出没多久，我就在1952年进剑桥大学读研究生（研究纯数学，但对物理学和宇宙学有浓厚兴趣[2.14]）。后来，1956年，我又作为研究者回到剑桥。在剑桥时，我认识了稳恒态理论的3个创立者，当然也发现这个模型很有趣，论证也很诱人。然而，等我快离开剑桥时，赖尔（Martin Ryle）爵士（也在剑桥）在玛拉德（Mullard）射电天文台进行的星系距离计算，开始呈现出清楚的反对稳恒态模型[2.15]的证据。

69

　　但真正索它命的是美国人彭齐亚斯（Arno Penzias）和威尔逊（Robert W. Wilson）在1964年偶然发现的微波电磁辐射，它来自空间的所有方向。其实，在20世纪40年代后期，盖莫夫（George Gamow）和迪克（Robert Dicke）就根据当时更传统的"大爆炸"理论预言了那种辐射，那种今天能看到的辐射有时被描述为"大爆炸的闪电"，辐射从宇宙发射以来随巨大膨胀引起的巨大红移而从4000 K冷却到比绝对零度高几度[2.16]。彭齐亚斯和威尔逊确认了他们看到的辐射（大约2.725 K）是真实的，而且一定来自太空深处，然后就去问迪克。迪克很快指出他们那个令人迷惑的观测可以解释为盖莫夫以前预言的结果。那个辐射有过五花八门的名字（如"辐射遗迹"、3度背景等），今天都通称为 CMB，代表"宇宙微波背景辐射"[2.17]。1978年，彭齐亚斯和威尔逊因为这一发现获得诺贝尔物理学奖。

　　然而，构成我们今天"看到"的CMB的光子来源并不真的是那个"实际的大爆炸"，因为那些光子直接来自所谓的"最后的散射曲面"，它出现在大爆炸379 000年之后（即宇宙年龄是现在的1/36 000）。更早的时候，宇宙对电磁辐射是不透明的，因为它充满了大量分离的相互围绕旋转的带电粒子 —— 主要是质子和电子，构成我们说的"等离子体"。光子在这些物质中会多次散射，被大量吸收和生成，宇宙则远离透明状态。这种"云雾"状态将持续到所谓的"解耦"时期（即"最后的散射"出现时），那时候宇宙变得透明，因为分离的电子和质子都足够冷却，可以配成粒子对，以氢原子的形式出现（也生成少数其他原子，主要是23%的氦，其核 —— 叫 α 粒子 —— 是宇宙形成最初几分钟的产物之一）。然后，光子从那些中性原子脱离出来，几乎毫无阻碍地旅行，成为我们今天认识的CMB的辐射。

自20世纪60年代的最初观测以来，人们通过大量实验获得了越来越好的关于CMB的性质和分布的数据，如今有了非常详尽的信息，完全改变了宇宙学学科的面貌——它过去是猜想多而数据少，现在则成了一门精确科学，尽管仍有猜想，但也有大量数据来规整猜想！一个特别值得注意的实验是国家航空航天局（NASA）在1989年发射的COBE（宇宙背景探测者）卫星，它惊人的观测为斯穆特（George Smoot）和马瑟（John Mather）赢得了2006年诺贝尔物理学奖。

CMB有两个非常突出而重要的特征，在COBE看来尤为显著，我想专门说几句。第一个特征是，观测的频谱异乎寻常地接近普朗克（Max Plank）在1900年为解释所谓"黑体辐射"的性质而提出的曲线（那标志着量子力学的起点）。第二个特征是，CMB在整个天区极其均匀。每个特征都向我们透露了一些关于CMB性质的非常基本的东西，还有它与第二定律的奇妙关系。现代宇宙学的许多东西都从这儿开始进步，也更加关注在CMB中看到的对均匀性的微妙偏离。我以后会讨论其中的一些问题（见3.6节），不过现在我只需要指出这两个更吸引眼球的事实，我们马上会看到，它们对我们有着极其重大的意义。

图2.6描绘了CMB的频谱，它基本根据COBE的最初观测，而我们现在已经从后来的观测获得了更高的精度。竖轴度量辐射的强度,[71]是不同频率的函数，频率表示在水平轴上，向右增大。连续曲线是普朗克的"黑体曲线",[2.18] 由具体的公式给出，代表量子力学所说的热平衡在任意特定温度 T 的辐射谱。短竖线代表误差区间，大致告诉我们观测强度所在的范围。不过应该指出，这些误差区间大约放大了

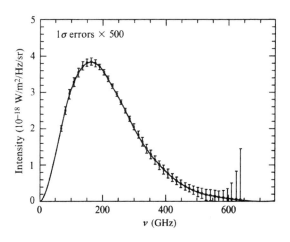

图2.6 COBE初始观测的CMB频谱，补充了后来更精确的观测数据。注意"误差棒"放大了500倍。本图表明观测数据精确符合普朗克频谱

500倍，所以实际的观测点比这儿显示的更接近普朗克的曲线 ——实际上，在肉眼看来，即使在最右边误差最大的区域，观测点也几乎落在墨水曲线的线条里面！其实，CMB所呈现的观测强度与普朗克黑体曲线之间的一致，在已有的观测科学里是最精确的。

这说明了什么？它似乎告诉我们，我们看到的东西来自一个肯定是热平衡的状态。但"热平衡"又意味着什么呢？请读者回头看图1.8，我们在那儿看到"热平衡"这个词儿标记的是相空间中（迄今）最大的粗粒化区域。换句话说，这是代表最大熵的区域。但我们再回想一下1.6节插入的论证。那些论证告诉我们，第二定律的整个基础必须用下面的事实来解释：宇宙的初始状态 ——我们当然指的是大爆炸 ——必须是一个熵异常小的（宏观）状态。我们看到的似乎正好相反，是一个最大熵的（宏观）状态！

　　这儿有一点必须说明，那就是宇宙在膨胀，从而我们看到的不可能真的是"平衡"态。然而，实际发生的是一种绝热膨胀，这儿的"绝热"大致指熵保持为常数的"可逆"变化。这种"热状态"其实保留在早期的宇宙膨胀中，这个事实是托尔曼（R. C. Tolman）[2.19] 在1934年指出的。在3.3节我们会看到更多的托尔曼对宇宙学的贡献。从相空间看，这个图更像图2.7而不是图1.8，膨胀表现为一系列体积大致相等的最大粗粒化区域。在这个意义上，膨胀仍然可以看作一种热平衡。[73]

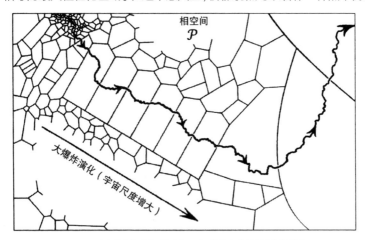

图2.7　宇宙的绝热膨胀，描述为一系列等体积的最大粗粒化区域

　　那么我们似乎还是看见最大的熵。这个论证肯定有严重的问题。并不是说宇宙观测令人惊讶，根本不是那么回事。从某种意义说，观测接近我们的预期。既然真的发生过大爆炸，而初始状态又必须符合广义相对论宇宙学提出的标准图景，那么一个炽热而均匀的初始状态正是预料之中的。那么症结在哪儿呢？也许你会惊讶，问题的症结就在于假定宇宙应该符合广义相对论宇宙学的标准图景！我们需要仔细考察这个假定，看问题出在哪儿。

首先，我们回想一下爱因斯坦的广义相对论都说了什么。毕竟，它用时空的曲率来描述引力场，是一个异常精确的引力理论。我会随时补充这个理论的东西，不过现在我们先用更老的牛顿引力理论来思考——它当然也是非常精确的——然后以更一般的方式去认识它与第二定律的关系——当然是热力学的第二定律，而不是牛顿的第二定律！

通常，考虑第二定律时，都用密封在盒子里的气体来讨论。沿着这样的思路，我们设想盒子的一角有一个小格子，气体最初就封闭在那个小格子里。小格子的门开启时，气体便自由流入盒子，我们预期它会很快在盒子里均匀扩散，熵在这个过程中遵从第二定律而不断增大。于是，气体均匀分布的宏观状态的熵远远大于气体限制在小格子的熵，见图2.8（a）。不过，现在我们考虑一个看起来类似的情形，但假想盒子像星系那么大，而且用一颗颗在盒子里运行的星体来代替一个个气体分子。这种情形与气体情形的差别并不仅仅在于物质的尺度，我还要让尺度与我们的讨论无关。真正相关的事实在于，星体会通过不息的引力相互吸引。我们可以设想星体的分布最初在星系大的盒子里是相当均匀的。但随着时间的流逝，我们发现星体有聚集成团的趋势（而且聚集的速度通常会很快）。这样，均匀的分布并不是熵最高的，星体不断地聚集会产生不断增大的熵。见图2.8（b）。

我们可以问，现在与那个熵达到极大的热平衡相应的状态是什么么？这个问题不可能在牛顿理论的框架下得到正确回答。如果考虑由遵从牛顿平方反比律相互吸引的大质量点粒子组成的系统，那么我们可以想象这样的状态：有些粒子会越靠越近，运动越来越快，以至无

盒子里的气体

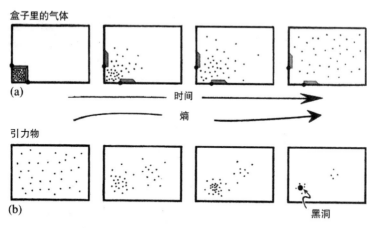

图2.8　（a）气体起初被约束在盒子的一个角落的格子里，释放之后它会均匀分布在整个盒子里；

（b）在星系尺度的盒子里，星体起初均匀分布，但在整个时间过程里不断聚集成团：这种情形下，均匀分布不是最高熵的状态

限快地运动，无限靠近地聚集，那假想的"热平衡"状态根本不可能存在。在爱因斯坦的理论中，这种情形会令人满意得多，因为当物质凝聚成黑洞时，那种"聚集"就达到了饱和。

75

　　我们将在2.4节细说黑洞，在那儿我们将知道黑洞的形成代表熵的巨大增加。实际上，在宇宙演化的现阶段，最大的熵都来自巨大的黑洞，如我们银河系中心的黑洞，质量大约是太阳的4 000 000倍。这些天体的总熵完全超出了CMB的熵——以前认为它代表了宇宙熵的主要来源。因此，从CMB生成以来，熵通过引力凝聚而大大增加了。

　　这关系到前面说的CMB的第二个特征，即它的温度在整个天空几乎是均匀的。多均匀呢？微小的温度偏差可以理解为多普勒频移，源于地球相对于整个宇宙的物质分布并不是完全静止的。地球的运动

有不同的来源，如它绕着太阳转，而太阳绕着银河系转，银河系还因为其他相对邻近的物质分布的引力作用而运动。所有这些运动组合起来形成地球的"本动"。结果，在我们运动方向的天空，CMB的温度看起来略微提高了，[2.20] 而在相反方向的天空，温度略微降低了，整个天空的温度变化模式也很容易从地球的运动计算出来。经过这样的修正，我们发现CMB的天空有着异乎寻常的均匀温度，只有大约十万分之几的偏离。

　　这个结果告诉我们，宇宙至少在最后散射曲面上是异常均匀的，如图2.8（a）右图和图2.8（b）左图。于是我们有理由假定，只要引力作用可以忽略，宇宙的物质（最后散射时）其实就处于它所能达到的高熵状态。引力影响之所以很小，是因为均匀性，但正是这种物质分布的均匀性为后来引力发生作用时的巨大熵增提供了潜在的可能。于是，只要我们考虑引力自由度的参与，大爆炸的熵图像就将彻底改变。总的说来，正因为我们假定宇宙接近空间均匀和各向同性 —— 有时也叫"宇宙学原理"，[2.21] 是FLRW宇宙学的基础，特别是2.1节讨论的弗里德曼模型的核心 —— 引力自由度才会在初始状态被大大地压缩。早期的空间均匀代表着宇宙极低的初始熵。

　　一个自然的问题是：宇宙学的均匀性与我们熟悉的第二定律究竟有什么关系呢？它可是渗透到了我们世界的很多具体的物理行为。第二定律有大量普通的例子，似乎与引力自由度在早期宇宙被压缩的事实没有一点儿关系。但联系确实是有的，而且我们也不难从这些普通的第二定律的例子追溯到早期宇宙的均匀性。

例如，我们考虑1.1节的那个从桌子边缘滚下地板并打碎的鸡蛋（见图1.1）。从概率说，鸡蛋从桌子边缘滚下打碎的熵增过程是最可能发生的，只要我们假定那个完好的在桌子边缘的鸡蛋开始的时候处于低熵状态。第二定律的疑惑不在于熵随事件的增加，而在于事件本身，即鸡蛋怎么会碰巧找到最初的极低熵状态。第二定律告诉我们，当我们越来越远地追溯系统的过去，会发现系统以前必须通过一系列越来越不可能的状态，才能达到那个极不可能的状态。

大概有两件事情需要解释。一个是鸡蛋怎么会上桌子，另一个是鸡蛋本身的低熵结构从何而来。实际上，鸡蛋的原料精妙地形成对小鸡仔具有足够营养的完美包裹。但我们还是从更简单的问题开始，问鸡蛋是如何出现在桌子上的。可能的答案是，有人把它放在那儿，也许心不在焉。但人的干预只是可能的原因。显然一个活动的人体有很多高度组织的结构，那意味着低熵。他把蛋放在桌上只需要从相关系统 —— 包括一个健康的人和他周围的有氧大气 —— 的巨大低熵库里取出很少的一点儿。鸡蛋的情形与此有些相似，因为鸡蛋高度组织的结构，神奇地孕育着胚胎里的生命，也是地球上维持生命延续的宏大计划的一部分。地球生命的整体结构需要维持一种深层而微妙的结构，它无疑将熵保持在很低的水平。具体说来，存在一个无限复杂而又相互关联的结构，其演化遵从基本的生物学的自然选择原理，也服从许多具体的化学物质。

你可能问，那些生物和化学物质与早期宇宙的均匀性有什么关系呢？生物学的复杂不会让整个系统违背一般的物理学定律，如能量守恒定律；而且，它也不可能摆脱第二定律的约束。假如没有一个强大

的低熵源 —— 几乎所有地球生命赖以生存的源泉，也就是我们的太阳[2.22] —— 那么我们星球上的生命结构将轰然崩溃。可能有人认为太阳为地球提供了能源，但这并不完全正确，因为地球每天从太阳接收的能量大致等于地球返回黑暗天空的能量![2.23] 假如不是这样，那么地球会被一直加热，直到那个平衡。生命所依赖的是太阳比黑暗的天空热得多，因而来自太阳的光子比从地球返回天空的红外光子有着高得多的频率（即黄光的频率）。于是，普朗克公式 $E = h\nu$（见2.3节）告诉我们，来自太阳的单个光子所携带的能量平均说来远大于返回天空的单个光子所携带的能量。因此，携带相同能量离开地球的光子多于来自太阳的光子，见图2.9。光子越多意味着自由度越多，从而相空间体积越大。相应地，玻尔兹曼公式 $S = k \ln V$（见3.5节）告诉我们，来自太阳的能量所携带的熵远低于返回天空的能量的熵。

图2.9　从太阳到达地球表面的光子比从地球回到天空的光子具有更高的能量（更短的波长）。在总能量平衡的情况下（地球不会随时间越变越热），离开地球的光子必然多于达到地球的光子，就是说，到达的能量比离开的能量具有更低的熵

而在地球上，绿色植物通过光合作用实现了将来自太阳的相对高频率的光子转化为较低频率的光子，然后用获得的低熵，通过从空气中的 CO_2 汲取碳放出 O_2 来构筑它们的物质。动物吃了植物（或其他吃

过植物的动物），也用这个低熵源和O_2来维持它们自己的低熵状态。[2.24] 当然，这同样适用于人和鸡，而且它还为我们构造那个完好的鸡蛋并将它放上桌子提供了低熵源！

所以，太阳对我们并不仅是提供能量，而且提供低熵形式的能量，这样才能（通过绿色植物）降低我们的熵，之所以如此，是因为太阳是黑暗天空里的一个热点。假如整个天空有着和太阳相同的温度，那 79 么太阳的能量对地球的生命就没有任何意义。太阳在海洋掀起波浪涌向云天，也是同样的道理，也是依赖于温度的差异。

为什么太阳是黑暗天空里的一个热点呢？是啊，太阳内部发生着各种复杂过程，其中氢转化为氦的热核反应是重要的一部分。然而，问题的关键在于太阳是一个整体，它的出现是因为引力的作用将它凝聚在一起。如果没有热核反应，太阳仍然会发光，不过会因为收缩而变得更热，寿命会更短。在地球上，我们当然从热核反应得到很多，但如果不是因为引力的聚集先形成了太阳，它们也就没机会出现。于是，恒星从初始物质经过不停的引力聚集的熵增过程而形成（当然还要通过一定空间区域里的复杂过程）的潜力，是从均匀的引力主导的低熵状态开始的。

这一切最终源于我们面对一个有着非常特殊性质的大爆炸，它极端（相对）的低熵表现为它没有在初始时刻激活它的引力自由度。这是一种奇异的倾斜状态，为更好地理解它，我们将在下面3节深入爱因斯坦美妙的引力的弯曲时空图像。然后，在2.6和3.1节，我再回来讨论大爆炸所呈现的异常特殊的本性。

2.3 时空，零锥，度规，共形几何

1908年，当闵可夫斯基（Hermann Minkowski）—— 著名数学家，偶然成了爱因斯坦在苏黎世理工大学的老师 —— 证明他能把狭义相对论的基本概念精炼成一种非同寻常的4维几何时，爱因斯坦对那种想法并没多大热情。可是后来他认识了闵可夫斯基的时空几何观的举足轻重的意义。实际上，他自己对闵氏思想的推广，构成了他的广义相对论弯曲时空基础的基本要素。

闵氏的4维空间包容了标准的3维空间和一个描述时间流的第4维。于是，这个4维空间的点通常代表一个事件，因为任何一个那样的点不但有空间的规定，也有时间的规定。就这个概念本身来说，真没什么太革命的东西。但闵氏思想 —— 那可是真革命 —— 的关键在于，他的4维空间几何并不自然分解为一个时间维和（更重要的）一系列对应于给定时刻的普通3维欧几里得空间。相反，闵氏时空有着不同的几何结构，奇妙地融合了欧几里得的古老几何思想。它实际上是时空的整体几何，将时空编织为一个不可分割的整体，完全概化了爱因斯坦狭义相对论的结构。

于是，在闵氏的4维几何里，我们不再将时空看作一串3维曲面 —— 每个面代表不同时刻的一个"空间"—— 的简单叠加（图2.10）。在那样的解释里，每个那样的3维曲面都描述了一组应该认为是同时发生的事件。在狭义相对论中，空间分离的事件的"同时"，没有绝对的意义。相反，"同时性"依赖于某个任意选择的观测者的速度。

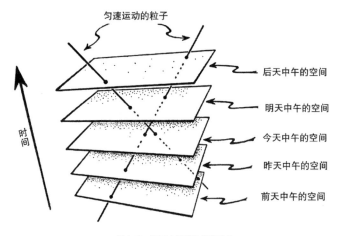

图2.10　闵可夫斯基之前的时空

　　当然，这是与我们的寻常经验冲突的，因为我们似乎真的发现相隔遥远的事件有一个独立于我们速度的同时性。但（根据爱因斯坦的狭义相对论）如果我们以堪比光速的速度运动，就会发现我们看来同时的事件对其他不同速度的观测者来说通常都不是同时的。而且，就非常遥远的事件来说，速度不需要很大。例如，两人在同一条路上沿相反方向散步，在他们走过对方的时刻，他们认为仙女座星系同时发生了若干事件，但那些事件其实可能相隔几个星期（见图2.11）![2.25] 82

　　根据相对论，"同时性"概念对遥远事件来说不是绝对的，而依赖于具体观测者的速度。所以，将时空分解为一系列同时的3维空间是主观的事情，因为对观测者的不同速度可以得到不同的分解。闵氏时空实现了一种客观的几何，不依赖于任何观测者的视点，而且不随观测者的改变而改变。从一定意义说，闵可夫斯基做的就是将"相对性"从狭义相对论中拿走，为我们呈现一幅绝对的时空活动的图景。

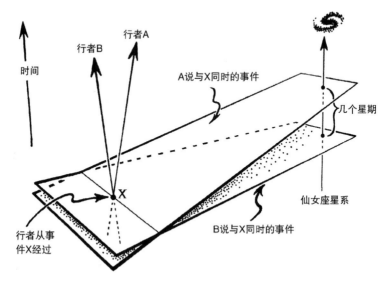

图2.11 两个漫步者从对方走过，在两人看来他们相互经过的事件X是同时的，而做出这个判断的依据却是仙女座星系中间隔几个星期的不同事件

但是，为了得到一个严格的图景，我们需要一种4维空间的结构来取代随时刻不同的3维空间序列。什么结构呢？我用字母𝕄标记闵氏4维空间，闵可夫斯基为𝕄赋予的最基本几何结构是零锥的概念，[2.26] 它描述𝕄中任意事件 p 的光是如何传播的。零锥是一个双锥，有共同顶点 p，它告诉我们在事件 p 的任意方向的"光速"是什么样的［见图2.12（a）］。手电筒为光锥提供了一个直观图像，起初它在内部聚光到事件 p（过去零锥），然后从 p 向外扩展（未来零锥），犹如在 p 点爆发的闪光，因此爆发的空间的描述［图2.12（b）］就变成一系列膨胀的同心球面。在我的图中，我喜欢用相对垂线倾斜45°的锥面来画零锥，如果我们选择光速 $c=1$ 的单位，就会得到这个图像。就是说，如果我们选择秒为时间尺度，那就选择光秒（=299 792 458米）

为距离单位；如果选择年为时间尺度，那就选择光年（≈ 9.46×10^{12}千米）为距离单位，等等。[2.27]

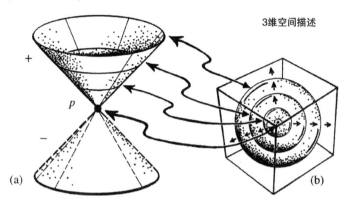

图2.12 （a）闵氏4维空间中 p 的零锥；
（b）未来锥的3维描述是原点在 p 的一系列膨胀的同心球

爱因斯坦的理论告诉我们，任何有质量粒子的速度一定总是小于光速。用时空图来说，这意味着这种粒子的世界线——构成粒子历史的所有事件的轨迹——必然引向它的每个事件的零锥内部，如图 84 2.13。粒子也可能在世界线的某些地方加速，那时它的世界线不会是直线；从时空图看，加速度表示为世界线的曲率。在世界线弯曲的地方，则世界线的切向量必然处于零锥内部。如果粒子无质量，[2.28] 如光子，那么它的世界线必然沿着每一点的零锥的表面，因为它在每个事件中的速度其实就是光速。

零锥还向我们说明了因果性，因果性问题是确定哪些事件可能影响其他哪些事件。（狭义）相对论的一个原则是断言任何信号的传播都不允许比光还快。相应地，在M几何中，如果存在一条连接事件 p 和 q 的世界线，即从 p 到 q 的一条光滑路径位于零锥表面或内部，我

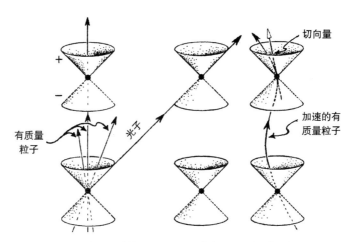

图2.13　M中均匀分布的零锥。有质量粒子的世界线都引向锥的内部，而无质量粒子的世界线沿着锥的表面

们就说事件 p 能对事件 q 发生因果影响。为此，我们需要为路线确定一个均匀的从过去到未来的方向（即为路径加一个"箭头"）。这要求为M的几何赋予一个时间方向，相当于为每个零锥的两个部分分别赋予连续一致的"过去"和"未来"。我用"－"号标记每个过去零锥，用"＋"号标记每个未来零锥，见图2.12（a）和图2.13，其中我用虚线来区分过去零锥。标准术语的"因果"指从过去到未来的因果影响，即它所在的世界线的定向切向量指向未来零锥的表面或内部。[2.29]

85

M的几何是完全均匀的，每个事件都是平等的。但当我们过渡到爱因斯坦的广义相对论时，这种均匀性就普遍地失去了。不过，我们还可以为零锥赋予连续的时间方向，任何有质量粒子的世界线的未来方向的切向量仍然处于未来零锥内。而且，和前面一样，无质量粒子（光子）的世界线的切向量都沿着零锥表面。在图2.14中，我描绘了广义相对论的这种情形，其中零锥不再是均匀分布的。

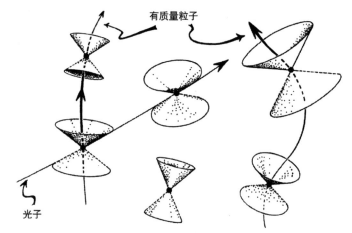

有质量粒子

光子

图2.14 广义相对论中的非均匀零锥

我们得试着想象这些锥画在某种印有零锥的理想"橡皮膜"上。我们可以在橡皮膜上任意活动，也能以任意方式扭曲它，只要变形是光滑的，零锥保持在膜上。我们的零锥决定了事件之间的"因果结构"，这是任何形变都改变不了的——只要我们认为橡皮膜一直带着这些锥。[86]

2.1节图2.3（c）的埃舍尔的双曲面呈现了类似的情景，在那儿我们可以想象埃舍尔的画就印在这种理想的橡皮膜上。我们可以让一个接近边界的魔鬼活动，通过这种变形，它来到先前被中心附近的魔鬼占据的位置。可以通过这种运动将所有的魔鬼移到先前被其他魔鬼占据的位置，而且这种运动也将描述埃舍尔图画表现的双曲几何的一种基本的对称性。在广义相对论中，这种对称性也会出现（和2.1节描述的弗里德曼模型一样），但是相当例外。然而，能够实现这种"橡皮膜"变形,正是广义相对论的基本组成部分,被称作"微分同胚"
(或"一般坐标变换")。关键是这种变形一点儿也不会改变物理状态。
"一般协变性"原理作为爱因斯坦广义相对论的基石,所说的就是我
们构建物理学定律时要用这种"橡皮膜变形"("微分同胚")的方式,
它不会改变空间及其内容的物理意义和性质。

　　这并不是说所有几何结构都失去了,我们空间剩下的唯一几何或
许就是它的拓扑性质之类的东西(实际上,拓扑学有时就被称为"橡
皮膜几何",它看茶杯的表面和环面是一样的,等等)。但我们必须用
心确定需要什么结构。流形一词常用来描述这种有着确定有限维的空
间(我们可以说有 n 个空间维的流形为 n – 流形),它是光滑的,但除
了光滑和拓扑而外,不必赋予任何其他结构。在双曲几何的情形,流
形其实还被赋予了度规的概念。度规是一个数学"张量"(见 2.6 节),
常用字母 g 表示,可以认为它为空间中任何有限光滑的曲线赋予了长
度。[2.30] 构成这种流形的"橡皮膜"的任何变形都带着连接两点 p , q
的任何曲线(p , q 也跟着变形),而度规 g 赋予的连接 p 和 q 的曲线
段 C 的长度应该不受那种变形的影响(从这个意义说, g 也是"跟着"
变形走的)。

　　长度概念还蕴涵着直线概念,即所谓的测地线,这种直线 l 的特
征在于对线上的任意两个分离不太远的点 p 和 q ,从 p 到 q 的最短曲
线(在 g 所赋予的长度意义上)实际上就等于 l 的 pq 部分的长度,见
图 2.15。(在这个意义上,测地线提供了"两点间的最短路径"。)我
们还可以定义两条光滑曲线之间的角度(一旦 g 定了,这也就决定了),
于是,当 g 给定时,我们也就有了普通的几何概念。不过,这个几何

通常不同于我们熟悉的欧几里得几何。

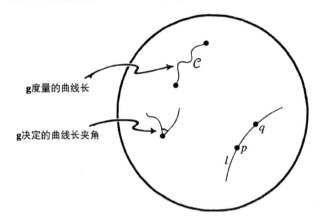

图2.15　度规**g**为曲线赋予长度和角度，测地线 *l* 提供了度规**g**下的" *p* 和 *q* 点之间的最短路径"

　　于是，埃舍尔的双曲几何图像［图2.3（c），贝尔特拉米－庞家勒的共形表示］也有它的直线（测地线）。通过图形背景的欧几里得几何，这些测地线可以理解为与边界圆呈直角相交的圆弧（见图2.16）。

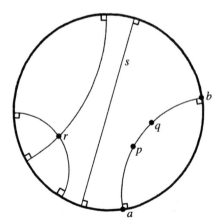

图2.16　在双曲面的共形表示中，"直线"（测地线）是与边界圆周交于直角的圆弧

88　令 a 和 b 是经过两个给定点 p 和 q 的弧线的端点，那么 p 和 q 之间的双曲 $\mathbf{g}$- 距离等于

$$C\ln\frac{|qa||pb|}{|qa||pb|}$$

其中 ln 是自然对数（1.2 节中常用对数 lg 的 2.302585… 倍），"$|qa|$" 等代表背景空间的普通欧几里得距离，C 是正常数，叫双曲空间的伪半径。

　　但是，我们可以不管 $\mathbf{g}$ 确定的结构而赋予某个其他类型的几何。我们这儿最关心的就是所谓的共形几何。这种结构可以度量两条光滑曲线在任一点相交的角度，但"距离"或"长度"的概念是不确定的。前面说过，角度的概念其实是由 $\mathbf{g}$ 决定的，但 $\mathbf{g}$ 本身却不能由角度概念来决定。虽然共形结构不能确定长度的量，却能决定任何一点处不

89　同方向的长度之间的比值 —— 所以它决定了无穷小的形状。我们可以将不同点的长度重新度量（放大或缩小）而不会改变共形结构（见图 2.17）。我们记重新度量为

$$\mathbf{g} \mapsto \Omega^2\mathbf{g}$$

其中 Ω 是定义在每一点的正实数，在空间光滑变化。于是，不论 Ω 的取值如何，$\mathbf{g}$ 和 $\Omega^2\mathbf{g}$ 决定了同一个共形结构，但 $\mathbf{g}$ 和 $\Omega^2\mathbf{g}$ 有不同的度规结构（如果 $\Omega \neq 1$），这里 Ω 是尺度变化因子。再看埃舍尔的图 2.3（c），我们发现双曲面的共形结构（不是度规结构）其实等同于欧几里得空间在边界圆的内部，但不同于整个欧几里得平面的共形结构。

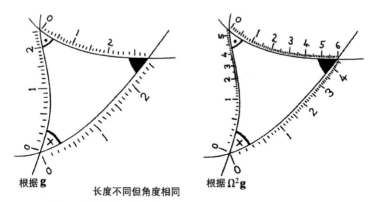

根据 **g**　　　　长度不同但角度相同　　　　根据 Ω^2**g**

图2.17　共形结构不确定长度的度量，但通过任何一点在不同方向的长度之比确定了角度。长度可以在不同的点重新度量（放大或缩小），而不会影响共形结构

　　对我们的时空几何来说，这些思想仍然实用，但也有一些重要差别，原因在于闵可夫斯基对欧几里得几何概念的"扭曲"。这所谓"扭曲"就是数学家指的度规符号的改变。用代数的语言来说，其实就是几个"＋"号变成了"－"号，它主要告诉我们，对 n 维空间来说，n 个相互垂直的一组方向里，有多少被看作是"类时"的（在零锥内部），有多少是"类空"的（在零锥外面）。在欧几里得几何和它弯曲形式的黎曼几何中，我们认为所有方向都是类空的。"时空"的通常概念只包含一个类时方向，在这样的正交集中其余方向都是类空的。如果空间是平直的，我们称它为闵可夫斯基空间，如果空间是弯曲的，我们称它为洛伦兹（Lorentzian）空间。对我们考察的通常的时空类型（洛伦兹空间），$n=4$，符号是"1＋3"，将我们的4个相互正交的方向分解为1个类时方向和3个类空方向。类空方向（或类时方向，假如多于1个）之间的"正交"意思是"交于直角"，而类空与类时方向之间的正交从几何上看更像图2.18描绘的情形，正交方向对称地与它们之间的零锥方向相连。从物理上讲，世界线沿类时方向的观测者认为

在与他正交的类空方向发生的事件都是同时的。

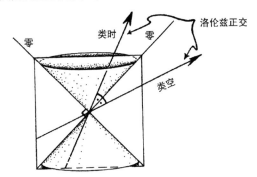

图2.18 欧几里得图像表示的类空和类时方向在洛伦兹时空里的"正交",其中零锥是直角的

在寻常的(欧几里得或黎曼)几何里,我们惯于用空间间隔来考
91 虑长度,而那间隔可以用一根直尺来度量。但在(欧几里得或黎曼)
时空里,直尺是什么呢?是一根带子,乍看起来并不像用来测量两个
事件 p 和 q 之间的空间间隔的东西,如图2.19。我们可以将 p 放到带
子的一边,而把 q 放到另一边。我们还可以假定那个直尺很窄,而且
没有加速,从而爱因斯坦广义相对论的(洛伦兹的)曲率效应就无关
紧要,用狭义相对论就足以应对。但是根据狭义相对论,如果要直尺
子度量的距离正确给出 p 和 q 之间的时空间隔,我们必须要求事件
相对于直尺的静止坐标系是同时发生的。在直尺的静止坐标系中,我
们如何确保事件真正是同时的呢?是啊,我们可以用爱因斯坦最初的
论证方法。他更多的是用匀速运动的火车而不是直尺来思考——那
么现在我们也那样来讨论。

令发生事件 p 的火车(直尺)的一端为车头,而 q 的一端为车尾。
想象车头有一个观测者,从事件 r 向车尾发出一个光信号,达到那儿

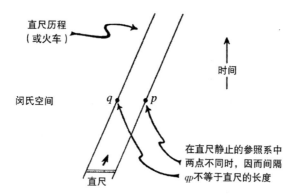

图2.19 点 p 和 q 在 $\mathbb{M}$ 中的类空间隔不能直接用2维的带子来测量

的时刻恰好发生事件 q；信号立刻反射回车头，在事件 s 被观测者接收，见图2.20。于是，假如 p 在发射和接收信号的中间时刻，即从 r 到 p 的时间间隔恰好等于从 p 到 s 的时间间隔，那么观测者可以判断 q 与 p 在火车的静止坐标系里是同时的。这时（也仅仅在这时），火车（即直尺）的长度恰好等于 p 和 q 的空间间隔。

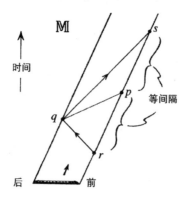

图2.20 只有当 pq 同时，火车（直尺）才能度量距离 pq，所以我们需要光信号和时钟

　　我们看到，这不但比简单"拿尺子"量两个事件的空间间隔要复杂一些，而且观测者实际测量的是时间间隔 rp 和 ps。这些（相等的）时间间隔直接提供了我们需要确定的空间间隔 pq 的度量（用光速为1的单位）。这说明了时空度量的关键事实，即它更多的是与时间（而非距离）的测量有着直接的关系。它不是度量曲线的长度，而是直接为我们提供时间的度量。而且，被赋予时间度量的并非都是曲线：只有所谓的因果曲线才可能是粒子的世界线，这些曲线处处是类时的（切向量在零锥内部，是有质量粒子的路径）或零的（切向量沿着零锥表面，是无质量粒子的路径）。时空度规 **g** 的作用是为任何因果曲线的有限线段赋予时间度量（对零曲线的任何部分，时间度量的贡献为零）。在这个意义上，正如著名爱尔兰相对论专家辛格（John L. Synge）建议的[2.31]，时空度规具有的"几何"不是"测地"（geometry）的，而是"测时的"（"chronometry"）。

　　因为整个理论依赖于以自然方式定义的度规 **g**，[2.32] 所以对广义相对论的物理学基础来说，重要的是大自然真的存在基本水平的超精确时钟。实际上，这个时间度量对物理学来说也是相当核心的问题，因为我们可以明确地说，任何一个（稳定的）有质量粒子都充当着几乎完美的时钟。如果粒子质量为 m（假定是常数），那么我们从爱因斯坦的著名公式可以看到它有一个静止能量 E：[2.33]

$$E = mc^2$$

这是相对论的基本结果。另一个几乎同样著名的公式 —— 量子论的基本公式 —— 是普朗克公式

$$E = hv$$

（ h 是普朗克常数），它告诉我们粒子的静止能量定义了一个特别的量子振动的频率 v（见图2.21）。换句话说，任何稳定的有质量粒子的行为犹如一个非常精确的量子钟，它"滴答"的特定频率恰好正比于它的质量，系数为基本常数 c^2/h：

$$v = m(c^2/h)$$

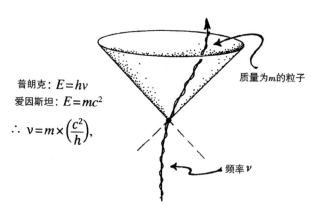

普朗克：$E = hv$
爱因斯坦：$E = mc^2$
$\therefore v = m \times \left(\dfrac{c^2}{h} \right),$

质量为 m 的粒子

频率 v

图2.21　任何稳定的有质量粒子的行为犹如一个非常精确的量子钟　　94

　　实际上，单个粒子的量子频率是极高的，不可能直接用来做实用的时钟。对实际的时钟来说，我们需要一个包含大量粒子的系统，众粒子结合起来协同作用。但关键的一点还在于我们做钟是需要质量的。单凭无质量粒子（如光子）是不可能做出时钟来的，因为它们的频率只能是零；光子要等到永恒才可能让它内在的"时钟"敲响第一声"滴答"！这个事实对我们以后有着重大意义。

这些都遵从图2.22，我们可以从它看到不同的时钟 —— 都从同一个事件 p 出发，但以不同速度（堪比光速但小于光速）运动。碗型的3维曲面（普通几何中的双曲面）区分了相同时钟的一串"滴答"。（这些3维曲面是闵氏几何球面的类比，是到固定点的"距离"为常数的曲面。）我们注意，因为无质量粒子的世界线是沿着零锥的，它连第一个碗型曲面都不可能达到，这和我们前面说的是一致的。

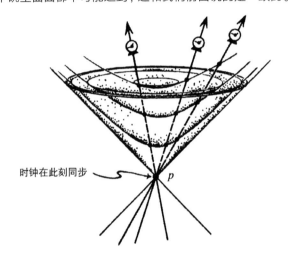

时钟在此刻同步

p

图2.22　碗型3维曲面代表同样时钟的不同瞬间

最后，类时曲线的测地线概念在物理上可以解释为有质量粒子在引力作用下的自由运动的世界线。在数学上，类时测地线 l 的特征表现为，对 l 上任意两个分隔不太远的点 p 和 q，从 p 到 q 的最长曲线（在 **g** 决定的时间长度的情况下）其实就是 l 的一部分，见图2.23 —— 它奇妙地倒转了测地线的欧几里得或黎曼空间的长度极小性质。这种测地概念也适用于零测地线，这种情形的"长度"为零，单凭时空的零锥结构就能确定。这种零锥结构其实等价于时空的共形结构，这个

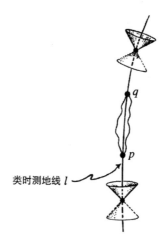

图2.23　类时测地线 *l* 的特征在于，对 *l* 上的任何两个间隔不太远的点 *p* 和 *q*，从 *p* 到 *q* 的最长局域曲线其实就是 *l* 的那部分长度

事实对我们以后有重要意义。

2.4　黑洞与时空奇点

　　在多数物理情形，引力效应都相对较弱，零锥只是略微偏离它在闵氏空间 M 的位置。然而对黑洞来说，正如我想在图2.24说明的，情形就大为不同了。这个时空图像代表超大质量（大约是太阳质量的10倍或更多）星体的坍缩，它在耗尽内部能源（核能）之后，会不可阻挡地向内坍缩。在一定时刻 —— 可以认为是星体表面的逃逸速度达到光速的时刻 —— 零锥向内倾斜到极端情形，[2.34] 几乎使未来锥的最外面部分在图中竖立起来。跟踪这些特殊锥体的外缘，我们可以划定一个3维曲面，即所谓的事件视界 —— 进入它的星体将一直落下去。（当然，我画图的时候不得不压缩一个空间维，所以视界看起来

是一个 2 维曲面，但这应该不会迷惑读者。）

97 　　因为零锥的倾斜，我们看到从事件视界内部发出的任何粒子的世界线或光信号不可能跑到视界外面，因为穿过视界会违背 2.3 节的要求。另外，假如在远离黑洞的安全地方有个观测者在遥望黑洞，如果追溯（逆着时间）进入他眼睛的光线，我们会发现光线不可能穿过视界进入内部，而只能飘浮在世界曲面的上空，恰好在星体陷入视界的瞬间到达它。不管外面的观测者等待多长时间（即不管我们的图像距离观测者多远），理论上总是这样的。但在实际上，观测者感觉的图像是高度红移的，而且会迅速（从观测者的时间看）从他的眼前消失，从而图像会在瞬间变得漆黑 —— 成为名副其实的"黑洞"。

98 　　我们自然要问：星体向内落下的物质在穿过视界之后会怎么样呢？也许它会卷入某种复杂的运动，旋转着落到中心的附近，然后反弹回来？这样的坍缩模型（如图 2.24），原来是奥本海默（J. Robert Oppenheimer）和他的学生斯尼德（Hartland Snyder）在 1939 年提出的，它还代表了爱因斯坦方程的一个精确解。然而，为了以确定的方式表示这个解，他们不得不做了些简化的假定。其中最重要（也最严格）的是必须假定精确的球对称，这样就不能表示非对称的物质"旋转"；他们还假定星体的物质特性可以合理地近似为无压力流体 —— 即相对论理论家们所说的"尘埃"（参见 2.1 节）。奥本海默和斯尼德发现，在这些假定下，向内的坍缩会一直持续下去，直到中心点的物质密度成为无限大，相应的时空曲率也变成无限大。于是，他们的解出现的那个中心点 —— 图 2.24 用波浪线表示 —— 被称为时空奇点，爱因斯坦理论在那儿"崩了"，而标准的物理学也没有办法进一步推演这个解。

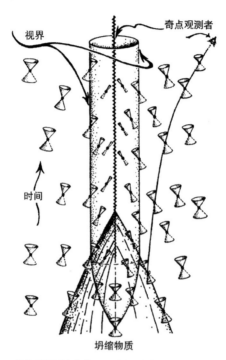

图2.24　超大质量星体坍缩成黑洞。当未来锥向内的倾斜在图中竖起时，来自星体的光不可能逃出它的引力。这些锥的包络就是事件视界

这些时空奇点的存在给物理学家提出了根本性的难题，通常被看作宇宙大爆炸起源的逆问题。如果说大爆炸为时间的开始，那么黑洞里的奇点就代表时间的终结 —— 至少就最终落入黑洞的那些物质来说是这样的。在这个意义上，我们可以说黑洞奇点呈现的问题也就是大爆炸所呈现的时间反演问题。

每一条从视界内部发出的因果曲线（如图2.24的黑洞坍缩图像），

在尽可能向未来延伸时，一定会终结于中心黑洞，这是真的。同样，在 2.1 节说的任何弗里德曼模型中，每一条因果曲线（整个模型中）如果尽可能向过去延伸，必然会终结（其实是起源）于大爆炸奇点。于是，除了黑洞情形更有局域性而外，两种情形实际上是互为时间反演的。不过，我们的第二定律也意味着这不可能都是正确的。与我们在黑洞遇到的境况相比，大爆炸肯定是处于某种极低熵的状态。一个事物与它的时间反演之间的区别，肯定是我们这儿要考虑的一个关键问题。

在讨论这种区别的性质（2.6 节）之前，我们还必须面对一个基本问题。我们必须弄清楚我们是否真有理由或在什么程度上相信那些模型——一个是奥本海默和斯尼德的模型，另一个是像弗里德曼那样的高度对称的宇宙学模型。我们必须注意奥本海默-斯尼德引力坍缩图像的两个重要的基本假定，即球对称假定和物质的特别理想化——将构成坍缩体的物质当作完全无压力的。这两个假定也适用于弗里德曼宇宙学模型（球对称更适用于所有 FLRW 模型），所以我们有理由怀疑，在如此极端情形下，这些理想化模型是否一定能代表坍缩物质遵从爱因斯坦广义相对论的必然行为。

实际上，当我在 1964 年秋开始认真思考引力坍缩问题时，就萦绕着这两个问题。那时，施密特（Maarten Schmidt）刚发现一种令人瞩目的天体，它极端的光亮和多变意味着它可能有什么性质接近我们现在所说的"黑洞"的东西。接着，思想深邃的美国物理学家惠勒（John A. Wheeler）向我表达了他的担心，我就是在他的激发下考虑那些问题的。当时，大家根据苏联物理学家栗弗席兹（Evgeny

Mikhailovich Lifshitz）和卡拉尼科夫（Markovich Khalatnikov）的一些具体理论工作，普遍相信在一般情形下（即对称性条件不适用），通常的引力坍缩不会出现时空奇点。我对俄罗斯人的工作只有模糊了解，但我怀疑他们用的那种数学分析方法能得出任何决定性的结论，所以我开始用自己的更几何的方法来考虑这个问题。[2.35] 这需要认识各种整体性的特征，如光线如何传播，它们如何在时空中聚焦，当它们开始卷曲并相互穿过时会出现什么样的奇异曲面？

　　我以前用这些方法考虑过与稳恒态宇宙模型（2.2节开头介绍的）有关的问题。我很喜欢那个模型（但喜欢的程度不如爱因斯坦的广义相对论）——特别是它把基本的时空几何概念与基本的物理学原理美妙地统一起来了——我好奇的是，有没有可能把两者相互协调起来。如果我们坚持光滑的稳恒态模型，立刻就会发现，假如不引进负能量密度，是不能达成和谐的。在爱因斯坦理论中，负能量的效应是生出分离的光线，以对抗正常物质的正能量密度的向内弯曲的效应（见2.6节）。一般说来，负能量在物理系统的出现是一个"坏消息"，因为它可能导致不可控制的不稳定性。所以我想知道，对称的偏离是否可能避免这种令人不快的结果。然而，可用于描述这类光线曲面的拓扑行为的整体分析是强大有力的，如果小心运用，它们可以用于更一般的情形，能导出和对称性假设一样的结论。要点在于（尽管我从未发表这些结果），对对称性的合理偏离并没有真正的作用，所以稳恒态模型，即使允许远离对称的光滑模型，也不可能避免与广义相对论发生冲突，除非出现负能量。

　　我也用过一些同样类型的论证，考察当我们考虑引力系统的遥远未来时会出现的不同可能性。指引我的方法涉及共形时空几何（2.3节，在第3部分将发挥重要作用），也引导我去思考一般情形的光线系统[2.36]的聚焦性质。于是我开始相信我对那些东西相当熟悉了，就把注意力转向引力坍缩问题。主要的新问题是我们需要某种标准来刻画坍缩在哪些情形经过了"不归点"，因为在很多情形下物体的坍缩可以反转——当压力变得足以抵抗坍缩时，物质会"反弹"回来。"不归点"似乎出现在视界形成的时候，那时引力已变得强大无比，会吸引所有东西。然而，从数学上确定视界的出现和位置却是费力不讨好的事情，其精确定义实际上需要我们考察它在无穷大的行为。这时候，我幸运地冒出一个想法[2.37]——即"俘获曲面"的概念——它有着很强的局域特征，[2.38]它在时空的出现可以作为发生无限引力坍缩的条件。

运用我发展的这种"光线/拓扑"论证方法，我接着证明了一个定理，[2.39]大概意思说，不论引力坍缩什么时候发生，只要时空满足几个"合理的"条件，奇点都是不可避免的。条件之一是，光线的聚合不能是负的。更物理地说，这意味着如果假定了爱因斯坦方程（不管有无宇宙学常数 Λ），那么穿过光线的能量流就不能是负的。第二个条件是，整个系统必须从开放的（即所谓"非紧致的"）类空3维曲面 Σ 开始演化。对合理的局域的（即非宇宙学尺度的）物理演化情形来说，这是一个非常标准的条件。从几何上说，我们的要求等于是我们所考虑的时空中任何向 Σ 的未来演化的因果曲线，在尽可能向后（时间上）延伸时，必然与 Σ 相交（图2.25）。其他唯一的要求（除了存在俘获面的假定）则关乎"奇点"在这个情景下到底是什么意思。根本说来，奇点其实就是一个障碍，它阻碍着时空光滑地向无限未来延伸,[2.40]与刚才的假定一致。   102

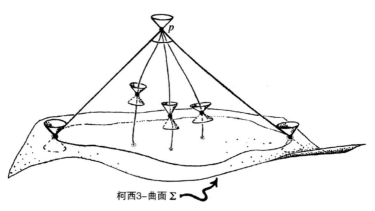

柯西3-曲面Σ

图2.25　初始柯西(Cauchy)曲面Σ:在它未来的任何一点 p 都有这样的性质:
终结于 p 的每条因果曲线向过去延伸足够远时,总会与这个曲面相遇

　　这个结果的力量在于它的普适性。它不仅不需要对称性假定,也
不需要任何其他求解方程的简化条件;它只要求将引力场的物质源性
质限制为"物理上合理的",即根据物理学要求,通过任何光线的能
量流绝不能是负的——这就是有名的"弱能量条件"。奥本海默和斯
尼德,还有弗里德曼假定的无压力尘埃当然满足这个条件。但情形比
这些普遍得多,它包括相对论学家们考虑的各种类型的物理现实的经
典物质。

　　然而,结果尽管很有力量,也有弱点,对坍缩星体所面临的问题
的性质,它几乎什么也没说。它没有提供任何有关奇点几何形式的线
索,甚至没以任何其他方式告诉我们物质会达到无限大密度,或者时
空曲率终将成为无穷。而且,它也没告诉我们奇点行为会从哪儿开始
显现出来。

103 　　为弄清这些问题，我们还需要做一些事情，大概类似于前面说的俄罗斯物理学家栗弗席兹和卡拉尼科夫的具体分析。不过我在1964年年底发现的定理似乎与他们先前的断言相冲突！实际上正是如此，在后来的几个月出现了很多惊恐和混乱。不过，就在那时，俄罗斯人在年轻同事别林斯基（Vladimir A. Belinski）帮助下找到并修正了他们先前工作的错误，问题也就迎刃而解了。他们原先认为爱因斯坦方程的奇点解只是一个非常特殊的情形，修正的工作则与我获得的结果一致，证明奇点行为其实是一种普遍现象。而且，别林斯基–卡拉尼科夫–栗弗席兹的工作为奇点研究提供了一种极端复杂的混沌行为的可能情形，现在叫BKL猜想。根据美国相对论理论家米斯纳（Charles W. Misner）的考虑，我们早已预言了那种行为 —— 即所谓的搅拌机宇宙 —— 在我看来，这种狂野而混沌的"搅拌机"行为，至少在很大一类可能的条件下是一种普遍情形。

　　关于这个问题，我以后还要谈（2.6节），不过现在我们必须说明另一个问题，即俘获面之类的事情，是否真的可能发生在任何合理的情形中？超大质量星体在演化的最后阶段可能灾难性地坍缩，提出这个预言的最初理由来自钱德拉塞卡（Subrahmanyan Chandrasekhar）1931年的研究，他发现像白矮星（第一个已知的例子是明亮的天狼星的那颗神秘暗淡的伴星）那样的小尺度致密星体，质量与太阳接近，但半径和地球差不多。令白矮星维持的是电子简并压力 —— 这是量子力学原理的一个效应，能阻止电子拥塞在一起。钱氏证明，如果考虑（狭义）相对论效应，能以这种方式抗拒引力的星体存在一个质量极限，极限质量大约是$1.4M_\odot$（$M_\odot$代表太阳质量）；他还注意到，这

104 给超过这个"钱氏极限"的冷物质带来了巨大难题。

像我们太阳那样的寻常星体（"主序星"）的演化，有那么一个晚期阶段，它的外层会膨胀，从而变成一颗红巨星，并伴随生成一个电子简并核。这个核逐渐聚集越来越多的星体物质，假如结果不超过钱氏极限，那么整个星体将终结为一颗白矮星，最终冷却为黑矮星。其实，这也是我们太阳注定的命运。但是对更大的星体，如果超过了钱氏极限，白矮星核可能在某个阶段坍缩，向内坠落的物质将导致极端暴烈的超新星爆炸（也许能连续几天照亮它所在的整个星系）。这个过程可能释放足够多的物质，从而生成的核可以维持在更高的密度（例如 $1.5M_{\odot}$ 的物质压缩到直径大约 10 千米的区域），形成一颗中子星，这是由中子简并压力维持的星体。

中子星有时表现为脉冲星（见 2.1 节和那儿的注释），迄今在银河系里已经观测到了很多。但这种星体仍然存在一个可能质量的极限，大约为 $1.5M_{\odot}$［有时称朗道（Landau）极限］。如果原来的星体有足够大的质量（例如大于 $10M_{\odot}$），那么在爆炸中，很可能没有足够的物质发射出去，留下的核心也不可能保持为中子星，于是没有东西能阻止它的坍缩，最终将达到一个时刻，形成俘获面。

当然，这不是确定的结论，我们也可以说，对俘获面形成（尽管只有中子星半径的三分之一）之前物质达到的那种极端致密状态，我们的认识还不够充分。然而，黑洞的情形要强得多，想想吧，它可是在大得多的尺度上把星系中心附近的星体都聚集起来了。那个空间足以容纳（例如）一百万颗白矮星，它们不必实际接触，占据着直径大约为 10^{6} 千米的区域，要在它们周围形成俘获面，这个尺度是足够小了[105]。就黑洞的形成来说，极端高密度下"未知物理"的问题并不是真的很要紧。

到现在为止，我隐藏了一个更深刻的理论问题。我一直是未加说明地假定了俘获面的存在蕴涵着黑洞的形成，然而，这个推论依赖于所谓的"宇宙监督"——尽管它赢得了广泛的承认，但迄今仍是一个未经证实的猜想。[2.41] 它和BKL猜想一样，可能是经典广义相对论的主要未解问题。宇宙监督说的是，在一般的引力坍缩中，不可能出现裸露的时空奇点。这儿"裸露"的意思是从奇点出发的因果曲线可以跑出来到达外面远处的观测者。（于是奇点能被外面的观测者看见，而没有被视界遮蔽。）我在2.6节还会再来讨论宇宙监督。

不管怎么说，如今的观测形势非常支持黑洞的存在。某些双星系统包含着几倍太阳质量的黑洞，其证据就很令人信服，尽管它多少有点儿"负"特征：系统的不可见成员的存在，是通过动力学运动显现的；而不可见成员的质量远大于任何致密天体根据标准理论所能具有的质量。这类观测中最令人惊奇的是，那颗看得见的星体围绕着银河系中心的一个看不见但质量巨大的物体高速运动着，运动速度之快，要求那个隐藏的天体必须具有大约 $4\,000\,000M_\odot$ 的质量！除了黑洞而外，很难想象它还能是别的什么东西。除了这种"负"的证据，我们还观测到了具备这种性质的其他天体，它们在拖曳着周围的物质，而物质似乎并没有为那个天体加热一个"表面"。不存在有形的表面正是黑洞存在的直接证据[2.42]。

2.5　共形图与共形边界

　　有一种便捷的方法可以表示整个时空模型，特别是当模型具有球对称性时，例如在奥本海默－斯尼德和弗里德曼时空的情形。那就是用共形图。我在这儿要区分两类共形图：严格的共形图和概略的共形图。[2.43] 我们会看到每种图的用途。

　　我们从严格的共形图说起，它可以用来表示具有严格球对称的时空（这儿记为 $\mathcal{M}$）。这种图是平面上的一个区域 $\mathcal{D}$，$\mathcal{D}$ 内部的每个点代表 $\mathcal{M}$ 中的一整个球（即 S^2）的点。为了得到有用的图像，我们可以舍去一个空间维，想象将 $\mathcal{D}$ 绕着左边的某条垂线旋转（图2.26）——那条线叫旋转轴。于是，$\mathcal{D}$ 的每一点转出一个圆周（S^1）。这个图对我们的直观想象来说足够清楚了，但对我们时空 $\mathcal{M}$ 的整个4维图像来说，我们需要一个2维旋转，这样每个 $\mathcal{D}$ 内的点将转出 $\mathcal{M}$ 中的一个球（S^2）。

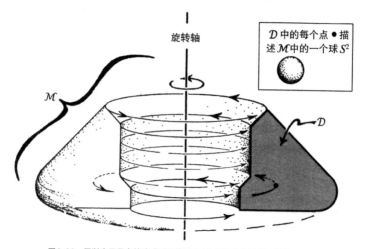

图2.26　用以表示具有精确球对称的时空（这儿记为 $\mathcal{M}$）的严格共形图 $\mathcal{D}$。2维区域 $\mathcal{D}$ 旋转（通过2维球面 S^2）生成4维空间 $\mathcal{M}$

　　在严格共形图中，我们通常会看到一个旋转轴，它是区域 $\mathcal{D}$ 的边界的一部分。于是，轴上的那些边界点 —— 在图中用虚线表示 —— 每一个都代表4维时空的单个点（而不是一个 S^2），从而整条虚线代表 $\mathcal{M}$ 中的一条线。图2.27让我们看到整个时空 $\mathcal{M}$ 是如何由一族等同于 $\mathcal{D}$ 绕虚线轴旋转的2维空间构成的。

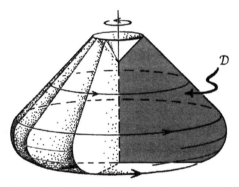

图 2.27　$\mathcal{D}$ 边界的虚线是一个对称轴，每一点代表一个时空点而不是一个球面 S^2

　　我们将 $\mathcal{M}$ 视为共形时空，而不太关心为 $\mathcal{M}$ 赋予整个度规 $\mathbf{g}$ 的特殊尺度。这样，正如2.3节最后一句说的，$\mathcal{M}$ 被赋予了一族（时间定向的）零锥。与此相应的是，$\mathcal{D}$ 本身作为 $\mathcal{M}$ 的2维子空间，从它继承了2维共形空间结构，而且具有自己的"时间定向零锥"。这就在 $\mathcal{D}$ 的每一点构成了一对不同的"零"方向，指向时间的未来。（它们恰好是确定 $\mathcal{D}$ 的复本的平面与 $\mathcal{M}$ 的未来零锥的相交线，见图2.28。）

　　在严格的共形图中，我们尽量将 $\mathcal{D}$ 中所有未来零锥的方向调整到与垂向呈45°。为说明这种情形，我在图2.29中画出了整个闵氏时空 $\mathbb{M}$ 的共形图，径向零线也画成与垂向呈45°。在图2.30中，我说明了这个图是怎么画出来的。我们看到，图2.29表现了共形图的一个重

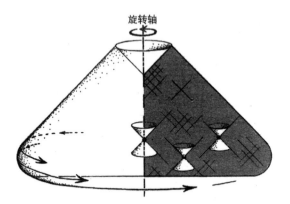

109

图2.28　$\mathcal{D}$中倾斜45°的零锥是$\mathcal{M}$中的零锥与嵌入$\mathcal{D}$的交集

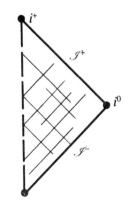

图2.29　闵可夫斯基空间M的严格共形图

要特征：尽管把整个无限时空M都包容在内了，图形却只是一个有限
的（直角）三角形。实际上，共形图的特征就是，它们能将无限的时 109
空区域"压缩"到有限的图形里。无限远本身也能在图中表现出来。
两条粗斜的边界线分别代表过去零无限远$\mathscr{I}^-$和未来零无限远$\mathscr{I}^+$；M
中的每一条零测地线（零直线）必然在$\mathscr{I}^-$上有一个过去端点，而在
$\mathscr{I}^+$上有一个未来端点。（字母$\mathscr{I}$通常读scri，意思是"手写$\mathscr{I}$"。）[2.44]

边界上还有3个点：i^-，i^0，i^+，分别代表过去类时无限远、类空无限远、未来类时无限远，$\mathbb{M}$的每一条类时测地线都一定有过去端点i^-和未来端点i^+，每一条类空测地线则通过i^0闭合成圈。（我们很快会看到，为什么i^0必须认为只是一个单点。）

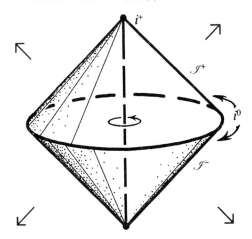

图2.30　为得到闵氏时空$\mathbb{M}$的正常图形，想象把倾斜的（锥）边界无限外推

110　　这时我们回想一下埃舍尔的版画是有好处的。图2.3（c）描绘了整个双曲面的共形图。边界圆以共形的方式代表它的无限远，本质上类似于前面$\mathscr{I}^+$，$\mathscr{I}^-$，i^-，i^0，i^+一起代表$\mathbb{M}$的无限远。其实，正如可以把光滑共形流形的双曲面扩展到它在欧几里得平面中的共形边界之外（图2.31），我们也可以光滑地将$\mathbb{M}$扩展为边界之外的更大共形流形。实际上，$\mathbb{M}$共形等价于我们称为爱因斯坦宇宙学$\mathcal{E}$的时空模型（又叫"爱因斯坦柱"）的一部分。这是一个空间3维球（S^3）的全静态的宇宙学模型。图2.32（a）是模型的直观图像（为实现这个模型，爱因斯坦在1917年第一次引进了他的宇宙学常数Λ；见2.1节），图2.32（b）则代表它的严格共形图。注意，图中有两个分离的"旋转轴"（垂

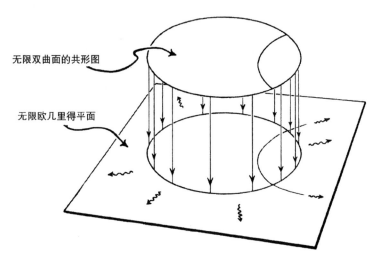

图2.31 将光滑共形流形的双曲面延伸到它在欧氏平面的共形边界之外

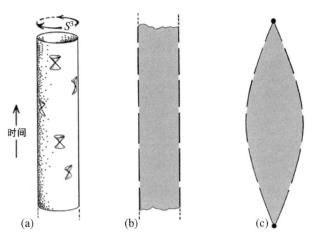

111

图2.32 （a）爱因斯坦宇宙的直观图（"爱因斯坦柱"）；
（b），（c）同一宇宙的严格共形图

直虚线表示）。这完全是一致的，我们只是认为图中每一点所代表的 S^2 随着靠近虚线而收缩到零。这也可以解释一个貌似奇怪的事实：MI

的空间无限远从共形来看恰好是单点 i^0，因为它原来代表的 S^2 的半径已经收缩到零了。时空 $\mathcal{E}$ 的空间截面 S^3 就从这个过程显露出来。图 2.33（a）说明了 $\mathbb{M}$ 如何作为 $\mathcal{E}$ 的共形子区域而出现，其实这也说明了我们如何能在共形意义上，将整个流形 $\mathcal{E}$ 视为由 $\mathbb{M}$ 的无限序列所构成，其中每个 $\mathbb{M}$ 的 $\mathscr{I}^+$ 与下一个 $\mathbb{M}$ 的 $\mathscr{I}^-$ 相接；图2.33（b）说明了这是如何通过严格共形图实现的。记住这个图对我们考虑第3部分提出的模型大有好处。

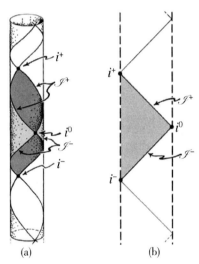

图2.33　说明为什么 i^0 是单点
（a）$\mathbb{M}$ 呈现为 $\mathcal{E}$ 的共形子区域，整个 $\mathcal{E}$ 可以看成由 $\mathbb{M}$ 空间的无限序列共形构成；
（b）以严格共形图说明（a）是如何实现的

现在我们考虑2.1节介绍过的弗里德曼宇宙学。图2.34（a），（b），（c）分别描绘了 $\Lambda=0$ 的3种不同情形：$K>0$，$K=0$，$K<0$。在这儿，奇点由波浪线代表。我还引进了一个记号，边界上的小白点"∘"代表整个球 S^2，而黑点"●"代表单点（在 $\mathbb{M}$ 的情形已经有过了）。在埃舍尔用过的2维情形的共形表示中，小白点其实代表双曲空间的边界球。

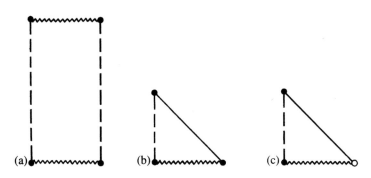

图2.34　Λ=0的弗里德曼宇宙学的三种不同情形的严格共形图：
（a）$K>0$,（b）$K=0$,（c）$K<0$。

对应的正宇宙学常数的情形（$\Lambda>0$，当 $K>0$ 时，我们假定空间曲率 [112] 不能超过 Λ 而引起最终的再次坍缩），如图2.35（a），（b），（c）。这儿应该指出这些图的一个重要特征。这些模型的未来无限远 $\mathscr{I}^{+}$ 是类空的，正如最终边界线所示，总是比 45° 方向更水平，正与 $\Lambda=0$ 情形下出现的未来无限远相反 [如图2.34（b），（c）和图2.29]，在那儿边界为 45°，所以 $\mathscr{I}^{+}$ 是零超曲面。这就是宇宙学常数的数值与 $\mathscr{I}^{+}$ [113] 的几何本性之间的关系所具有的特征，对我们的第3部分有重要意义。

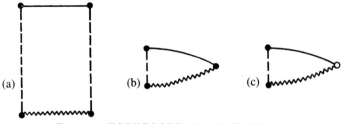

图2.35　$\Lambda>0$ 的弗里德曼宇宙学的三种不同情形的严格共形图：
（a）$K>0$,（b）$K=0$,（c）$K<0$

　　$\Lambda>0$ 的弗里德曼模型在遥远未来（接近 $\mathscr{I}^{+}$）都表现为近似的德西特（de Sitter）时空 $\mathbb{D}$。这个模型宇宙完全没有物质而且是高度对称的（是4维的闵可夫斯基类比）。在图2.36（a）中，我画了一个𝔻的2维图形，它只有一个空间维（全德西特4维空间𝔻应该是5维闵氏空间里的超曲面）；在图2.36（b）中，我还画出了它的严格的共形图。正如图2.36（c）中所示的，我们在2.2节说过的稳恒态模型，只是𝔻的一半。因为要把𝔻"切开"，所以稳恒态模型实际上就是我们所说的在过去方向"不完全的"。也就是说，存在那样的普通类时测地线——代表有质量粒子的自由运动——其时间度量不能延伸到某个有限数值以外的更早时刻。如果用于未来方向，这也可以认为是模型的恼人缺陷，因为它可以用于某个粒子或空间旅行者的未来，[2.45] 但114 我们在这儿只说那种粒子运动根本不会出现。

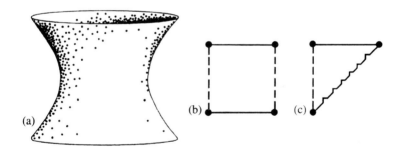

图2.36　德西特时空：
（a）闵氏三维空间内的表示（压缩了2个空间维）；
（b）它的严格共形图；
（c）截取一半，我们得到稳恒态模型的严格共形图

不论以什么观点来看那种不完备性的物理，我在严格共形图中都用小锯齿线来表示它。在我的严格共形图中，还用了一种点线，代表黑洞的事件视界。我在图中会一直用5种线条（对称轴的虚线、无限远的实线、奇点的波浪线、不完备性的锯齿线和黑洞视界的点线）和两种点（黑点代表4维空间的单点，白点代表 S^2），如图2.37的说明。

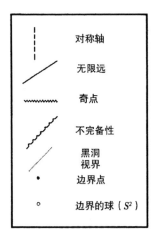

图2.37　严格共形图符号说明

　　图2.38（a）画的是奥本海默–斯尼德的向黑洞坍缩的严格共形图，它是把坍缩的弗里德曼模型的一部分与爱丁顿–芬克尔斯坦（Eddington-Finkelstein）推广的史瓦西（Schwarzschild）解"胶合"起

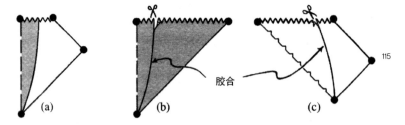

图2.38　向黑洞坍缩的奥本海默-斯尼德模型：
（a）通过胶合构造的严格共形图；
（b）弗里德曼模型（图2.34b）时间反演的左半部分；
（c）爱丁顿–芬克尔斯坦模型（图2.39b）的右边部分

来的结果，如图2.38（b），（c）及图2.39的严格共形图。史瓦西求解爱因斯坦方程是在1916年，那时广义相对论方程刚发表。他的解描述了一个静态的球对称物体（如星体）外的引力场，可以向内推广（作

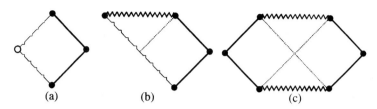

图2.39 球对称真空（Λ＝0）的严格共形图：
(a) 原始史瓦西解（史瓦西半径以外）；
(b) 推广到爱丁顿-芬克尔斯坦坍缩度规；
(c) 完全推广到克鲁斯卡/辛格/塞克尔形式

为静态时空）到史瓦西半径

$$2MG/c^2$$

其中 M 是物体的质量，G 是牛顿引力常数。对地球来说，半径大约
为9厘米，而太阳为3千米 —— 但在这些情形，半径深埋在天体内部，
只是一个与时空几何没有直接关系的理论距离，因为史瓦西度规只适
用于物体外的区域。见图2.39的严格共形图。

116

然而对黑洞来说，史瓦西半径在视界处。在这个半径，度规的史
瓦西形式会出现奇点，而史瓦西半径起初就被认为是时空的真实奇点。
但是，勒梅特（Georges Lemaitre）在1927年首先发现，如果我们放
弃时空静态的要求，就能以连续光滑的方式扩展那个解。1930年，爱
丁顿发现了更简单的扩展方式（尽管他忘了指出得到了什么）。1958
年，芬克尔斯坦重新发现了这种描述，并且明确指出了它的意义，其
严格共形图如图2.39（b）；这个共形图表现了所谓"史瓦西解的最大
扩展"。图2.39（c）通常叫克鲁斯卡-塞克尔（Kruskal-Szekeres）扩
展，尽管辛格（J. L. Synge）[2.46] 早就发现了更复杂的描述。

在3.5节，我们将看到黑洞的另一个特征，尽管现在微不足道，最终却是至关重要的。据霍金（Stephen Hawking）在1974年的 [117] 分析，[2.47] 根据爱因斯坦广义相对论的经典物理，黑洞应该是全黑的，但如果在弯曲时空背景下加入量子场论效应，黑洞应该具有非常低的温度 T，与黑洞的质量成反比。例如，对一个 $10M_\odot$ 的黑洞，温度大约是 6×10^{-9}K，堪比MIT（麻省理工学院）2006年前在实验室达到的最低温度纪录——10^{-9}K。今天我们周围的黑洞大约就是这样的温度。黑洞越大越冷，我们银河系中心的质量约4 000 000 $M_\odot$的黑洞，温度只有 1.5×10^{-14}K。如果拿CMB的温度作为我们宇宙此刻的环境温度，就温暖得多了，约为2.7K。

不过，如果从漫长的观点看，而且别忘了宇宙的指数式膨胀（如果无限继续下去）会大大冷却CMB，我们相信它会降到可能出现的最大黑洞的温度。然后，黑洞开始向周围空间辐射它的能量，而失去能量必然失去质量（根据爱因斯坦的 $E = mc^2$）；当它失去质量时，会越变越热，经过一个难以置信的漫长时期（对眼下的最大黑洞来说，也许是 10^{100}——即一个googol——年）之后，它将完全收缩，最终"砰然一声"消失——这最后的爆炸几乎不能称为"爆炸"，因为它可能只有一颗小子弹的能量，不过强弩之末的一丝气力！

当然，这是把我们现有的物理知识和理解大大地外推了。不过，霍金的分析符合我们接受的一般原理，而那些原理似乎意味着整个结论是在所难免的。于是，我接受了它作为对黑洞最终命运的一种可能解释。实际上，这个预期将构成我在本书最后提出的纲领的重要组成部分。不管怎么说，在这儿画出这个过程的草图（图2.40）和它的严 [118]

格共形图（图2.41），还是有意义的。

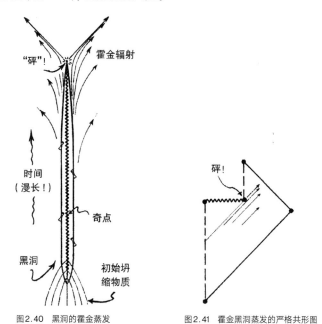

图2.40 黑洞的霍金蒸发　　　图2.41 霍金黑洞蒸发的严格共形图

当然，多数时空并不具有球对称，严格共形图的描述甚至连合理的近似也做不到。不过，共形草图对澄清思想通常还是有重要意义的。共形草图没有限制严格图的那些确定的法则，为了完整理解这些图形，有时我们需要想象它们是在3维或4维中表示的。关键是运用时空共形表示将无限量转化为有限量的两个要点。一方面，将我们在严格共形图中见过的空间和时间的无限区域（由实线边界表示）带进我们的有限认识；另一方面，展开那些不同意义上的无限区域，即在我们严格共形图以波浪线边界标记的时空奇点。第一点的实现，是用可以光滑地趋于零的共形因子（2.3节中 $g \mapsto \Omega^2 g$ 的 "Ω"），从而将无限区域 "压缩" 成有限的东西。第二点的实现是用可以变成无限大的共形

因子,通过"拉伸"奇点区而将它转化为有限而光滑的区域。当然,
我们不能保证这些过程在任何特殊情形都能真的实现。不过,我们会
看到,两个过程在即将面对的问题中起着重要作用,而它们的组合对
我在第3部分提出的东西更是至关重要。

结束这一节时,我们提出一个具体的和宇宙学视界问题相关的背
景,从中可以看到这两个过程特有的启发意义。实际上,在宇宙学背
景下,有两个不同的被称为"视界"的概念。[2.48]一个是我们知道的
事件视界,另一个是粒子视界。

先考虑宇宙学事件视界。它和黑洞的事件视界有着密切联系,尽
管后者具有更"绝对"的特征——因为它不那么依赖于其他观测者
的观点。如果一个宇宙学模型,像图2.35的严格共形图所刻画的
Λ>0的弗里德曼模型和图2.36(b)的德西特模型𝔻一样,具有类空
的未来无限远𝒥⁺,那么它就会出现宇宙学视界,但这个概念也适用
于不具有对称性的类空𝒥⁺的情形(这是Λ>0的普遍特征)。在图2.42
(a)和(b)的概化共形图中,我用终结于𝒥⁺的点o⁺的世界线l来表

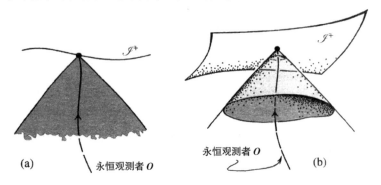

图2.42 Λ>1时出现的宇宙学事件视界的共形草图:
(a)2维;(b)3维

120　示原则上可以被观测者 O（假定他是永恒的！）看见的时空区域（2
个或3个时空维）。这个观测者的事件视界 $\mathcal{C}^-(o^+)$ 是 o^+ 的过去
光锥。[2.49] 任何发生在 $\mathcal{C}^-(o^+)$ 外的事件将永远不会被 O 看到。
见图2.43。不过我们要注意，事件视界的精确位置强烈依赖于特殊
的终点 o^+。

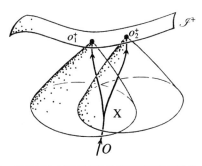

图2.43　永恒观测者 O 的事件视界代表他所能看到的事件的一个绝对边界，视
界本身依赖于 O 的历史选择。如果在 X 改变念头，就会导致不同的事件视界

　　另一方面，如果过去边界——通常认为是奇性的而不是无限
的——是类空的，就会出现粒子视界。实际上，我们可以从出现奇点
121　的那些严格共形图看到，类空特征是时空奇点的正常性质，这与"强
宇宙监督"问题有着密切关系，我将在下一节讨论。现在我们称那个
初始奇点边界为 $\mathcal{B}^-$。如果事件 o 是某个观测者 O 的时空位置，那么
我们可以考虑 o 的过去光锥 $\mathcal{C}^-(o)$，看它在哪儿与 $\mathcal{B}^-$ 相遇。任何
从 $\mathcal{B}^-$ 出发的交界面外的粒子都不可能进入 o 的观测者能看见的区
域，尽管 O 的世界线可以向未来延伸，能看到越来越多的粒子。我们
通常将事件 o 的实际粒子视界看作一个理想化星系从 $\mathcal{C}^-(o)$ 与 $\mathcal{B}^-$
的交界面出发的世界线所经历的轨迹，如图2.44。

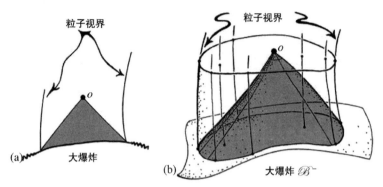

图2.44　粒子视界的共形草图：（a）2维；（b）3维

2.6　大爆炸怎么特殊了？

　　现在我们回到这个部分要解决的基本问题，即我们的宇宙何以从如此奇异的大爆炸开始 —— 尤为特别的是它所呈现的非常特殊的方式：从引力方面说，它的熵比它应有的值低得多，而从其他任何方面说，那个熵却接近极大值。然而，在多数现代宇宙学的考虑中，问题似乎越来越糊涂了，这都源于人们的一个普遍观点：宇宙在它出现的极早时期，在紧跟大爆炸后约 10^{-36} 秒到 10^{-32} 秒之间的短暂时间里，经历过一场指数式的膨胀 —— 即常说的宇宙的暴胀 —— 使宇宙的线性尺度增大了约 10^{20} 到 10^{60} 倍，甚至 10^{100} 倍。提出这个巨大的膨胀，是为了解释早期宇宙的均匀性（等其他性质），其中所有早期的不规则性都通过膨胀而彻底消解了。不过，似乎很难认同这些讨论解决了我在第一部分关心的基本问题，即大爆炸所表现的极端特殊性，那必须是从一开始就呈现的性质，才会有热力学第二定律。而作为暴胀基础的观点认为，我们现在看到的宇宙的均匀性应该是（暴胀的）物理过程作用于早期演化的结果。在我看来，这是一个根本的误会。

　　为什么我说它是误会呢？让我们从一般的考虑来考察这个问题。暴胀的基础动力学和其他物理学过程一样，遵从同样的普遍法则，其行为的背后存在时间对称的动力学定律。存在一种被称为"暴胀场"的特殊的物理场，是它决定了暴胀，尽管控制暴胀场的方程的精确性质一般会随暴胀形式的不同而不同。作为暴胀过程的一部分，还会发生某种"相变"，类似于在冰点和熔点发生的固态与液态之间的转变。这种相变可以认为是遵从第二定律的过程，通常伴随着熵的增加。于是，在宇宙动力学中融入暴胀场并不影响我们在第一部分提出的论证。我们仍然需要认识宇宙的异常低熵的初始状态。根据2.2节的讨论，这个低熵根本依赖于引力自由度没有被激发出来——至少不像其他相关自由度那么活跃。

　　那么，高熵的初始态应该像什么样子呢？在我们必须考虑引力自由度时，认识这一点当然是有帮助的。如果想象坍缩宇宙的时间反演背景，我们可以部分理解这一点。因为这种坍缩，假如服从第二定律的话，应该产生一个真正高熵的奇点状态。应该清楚的是，仅仅对坍缩宇宙的考虑，并不涉及我们实际的宇宙是否像图2.2的 $\Lambda = 0$ 的封闭弗里德曼模型那样会再坍缩。这个坍缩只是一种假想情形，它当然服从爱因斯坦方程。在一般坍缩的情形，如2.4节考虑的黑洞坍缩，我们相信各种不规则性都会出现，可是当局部的物质区域变得足够致密时，俘获面就可能形成，从而时空奇点也跟着出现。[2.50] 不论初始出现什么样的密度不规则性，它都会大大地加强，最终的奇点会从一团凝结的黑洞产生出来。这时，别林斯基、卡拉尼科夫和栗弗席兹的考虑该发挥作用了。假如BKL猜想是对的（见2.4节），那么一定会出现某种极端复杂的奇点结构。

我马上回来谈这个奇点结构问题，不过现在我们考虑暴胀物理的意义。我们只关心宇宙在解耦时（例如）的状态，那时正好产生我们今天看到的CMB辐射（见2.2节）。在我们实际的膨胀宇宙中，当时的物质分布有着极高的均匀性。这显然是一个难题 —— 否则就用不着引入暴胀来解释它！既然认同有东西要解释，那么我们必须考虑相反的情形，即宇宙那时也许有很强的不规则性。这样，暴胀学家们的主张就等于说，暴胀场的存在使那种不规则性变得不可能了。真是这样的吗？

当然不是，因为我们可以想象解耦时的高度起伏的物质分布状态（不过时间是倒转的），于是这个图像代表了一个非常不规则的正在坍缩的宇宙。[2.51] 随着我们想象的宇宙向内坍缩，不规则性将放大，对FLRW对称（2.1节）的偏离也会越来越远。于是，这种状态将远离FLRW的均匀和各向同性，那么暴胀场的暴胀能力也将失去作用，而（反时间的）暴胀也就不可能发生，因为它强烈依赖于一个FLRW背景（至少我们的实际计算结果是这样的）。

于是我们明白了，我们的不规则坍缩模型将坍缩到一个可怕的黑洞成团的状态，生成高度复杂的高熵奇点，很可能像BKL类型，而不大可能是那种似乎在我们的大爆炸中出现过的、像闭合的FLRW形式的高度均匀的低熵奇点。这将是独立发生的，与实际的物理过程中是否存在暴胀场无关。于是，如果再把我们想象的坍缩的块状宇宙的时间反转过来，获得一个膨胀的宇宙，我们会发现它从一个高熵的奇点开始，那个奇点可能是我们实际宇宙的一个初始态，而且是比实际发生过的大爆炸更加可能的初始态（即具有更高的熵）。在我们想象的

坍缩的最终阶段凝结在一起的黑洞,当时间反转为膨胀宇宙时,将为我
们呈现一幅由多个分岔的白洞组成的初始奇点的图像![2.52] 白洞是黑
洞的时间反演,我在图 2.45 中指出了它为我们呈现的这种情形。可这
种白洞奇点完全不曾出现,正是这一点凸显了大爆炸的极端特殊性。

126

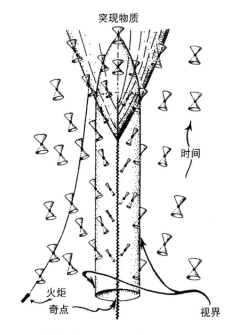

图 2.45　假想的"白洞",是图 2.24 描绘的那种黑洞的时间反演。这是严重违
反第二定律的。光不可能进入视界,所以从左下角的火炬发出的光只有在黑洞爆炸
成为普通物质后才能进来

　　从相空间体积看,具有这种性质的初始奇点(多分岔的白洞)比
类似于我们大爆炸类型的奇点占据着更大的区域。仅凭暴胀场的可
能存在当然不能提供足够的力量来"抹平"那样一堆白洞奇点的不规
则性。这一点我们是蛮有信心的,更不用说暴胀场性质的具体考虑了。
这只不过是一个方程的问题,要求它能同样地在正反两个时间方向演

化，直至达到某个奇点状态。

但是，我们当然还可以把相空间体积的真实大小说得更详细一些，只要我们根据贝肯斯坦-霍金的黑洞熵值公式考虑实际赋予黑洞的熵（也就相当于相空间体积）。对质量为 M 的非旋转黑洞，熵为

$$S_{\mathrm{BH}} = \frac{8kG\pi^2}{ch} M^2$$

如果黑洞是旋转的，那么熵居于这个数值和它的一半之间，依赖于旋转的量。M^2 前的因子其实是常数，k，G 和 h 分别为玻尔兹曼、牛顿和普朗克常数，c 是光速。实际上，我们可以将熵公式写成更一般的形式：

$$S_{\mathrm{BH}} = \frac{kc^3 A}{4G\hbar}$$

其中 A 是视界的面积，$\hbar = h/2\pi$。这个公式适用于旋转或不旋转的黑洞。用3.2节末尾引入的单位，我们有

$$S_{\mathrm{BH}} = A/4$$

对这个熵，虽然在我看来眼下还不能完全满意地通过黑洞内部状态数来解释，[2.53] 但这个熵的数值依然是维护黑洞外量子物理世界的第二定律的基本因素。正如我们在2.2节说的，对当下宇宙熵的最大贡献 —— 还不足总熵的 10^{-10} —— 无疑来自星系中心的巨大黑洞。假如我们今天可观测宇宙（即在我们今天的粒子视界之内）的所有物质的总和终将形成一个黑洞，那么它将达到大约 10^{124} 的熵，我们可以认为

这粗略提供了包含同样质量的坍缩宇宙所能达到的熵的下限。相应的相空间体积大约是

$$10^{10^{124}}$$

（因为1.3节的玻尔兹曼熵公式取了对数），而对同样的物质实体来说，[2.54] 实际观测到的对应于解耦时的宇宙状态的相空间区域（即观测的CMB内的区域）具有的体积不超过

$$10^{10^{89}}$$

我们处于如此特殊的宇宙，如果纯粹源于偶然，[2.55] 则其概率将是一个荒唐至极的小数，大约为 $1/10^{10^{124}}$，而与暴胀无关。这类数字正需要一种完全不同类型的理论解释！

　　然而，还有一个更深层的问题，可以认为在这儿有着重要意义。那个问题是，具有如此复杂的白洞型结构的初始奇点是否能合理地当作一个"瞬时事件"？这个问题大致等于问，当我们把如此奇点看成时空的某种过去"共形边界"时，是否可以认为它是"类空的"？然后，我们可以认为这样的类空初始奇点代表了某个宇宙时间坐标的零点，也就是那个高度不规则的大爆炸发生的"时刻"。

　　实际上，奥本海默－斯尼德坍缩的时间反演真有一个类空的初始
128 奇点，这可以清楚地从图2.46（图2.38的时间反演）的严格共形图看出来。而且，这种类空特征正是一般BKL奇点所具有的基本性质。

更一般地说，一般性奇点（允许它们在某些地方可以是零）的类空性是基于强宇宙监督的预期结果，[2.56] 尽管宇宙监督还只是未经证实的关于爱因斯坦方程解的猜想（2.4节说过了）—— 它告诉我们"裸奇点"不可能出现在一般的宇宙坍缩中，坍缩产生的奇点总是逃避直接的观测，例如躲在黑洞的事件视界背后。强宇宙监督告诉我们，这些奇点至少在一般情形应该是类空的。遵照这个预言，我想完全有理由认为那种白洞主导的初始奇点确实是一个瞬时事件。

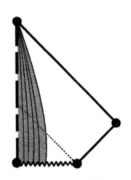

图2.46　图2.45的白洞的严格共形图

　　一个重要的问题来了：凭什么用几何准则来区分代表大爆炸低熵的"光滑"奇点和从白洞的时间反演坍缩产生的更一般的高熵奇点？我们需要明确界定"引力自由度没有被激发出来"的意思。但是，为了这一点，我们需要认定是哪个数学量确实度量了"引力自由度"。

　　引力场的一个很好的类比是电磁场，它们在很多重要方面都很相似，尽管也存在一些重要区别。在相对论物理中，电磁场用张量 **F** 来描述，叫麦克斯韦场张量 —— 用苏格兰科学家麦克斯韦（James[129] Clerk Maxwell）的名字命名，他在1861年发现了电磁场满足的方程，并证明这些方程解释了光的传播。可以回想一下，我们在2.3节遇到过另一个张量，即度规张量 **g**。张量是广义相对论的基本工具，是几何或物理实体的数学描述，而且其形式不受我们在2.3节考虑的"橡皮几何"的变形（微分同胚）的影响。张量 **F** 取决于每一点的6个独立数（3个电场分量，3个磁场分量）。度规张量 **g** 在每一点有10个独立分量。在标准张量记号中，通常用带两个下标的符号 g_{ab}（或类似的符号）记度规的分量集合，它有对称性 $g_{ab} = g_{ba}$。对麦克斯韦张量 **F**，分量集记为 F_{ab}（具有反对称性 $F_{ab} = -F_{ba}$）。每个这样的张量都有一个型 $\begin{bmatrix} 0 \\ 2 \end{bmatrix}$，意思是只有两个下标。但也会出现带上标的张量，$\begin{bmatrix} p \\ q \end{bmatrix}$ 型张量就描述有 p 个上标和 q 个下标的分量集。张量有一个叫缩并（或内积）的代数运算，它允许我们将一个上标与一个下标联系起来（以化学键的方式），从而在最后的表达式里消去那两个指标 —— 但我不想在这儿讲张量的代数运算。

电磁场的自由度其实就是用麦克斯韦张量 **F** 度量的，但在麦克斯韦理论中，电磁场还有一个源，叫电荷-电流矢量 **J**。这可以视为一个 $\begin{bmatrix} 1 \\ 0 \end{bmatrix}$ 张量，每一点的 4 个分量描述电荷密度的 1 个分量和电流的 3 个分量。在静态情形，电荷密度起着电场的源的作用，而电流密度是磁场的源。可是在非静态情形，问题就复杂了。

我们现在寻求引力场情形下，由爱因斯坦广义相对论描述的类似的 **F** 和 **J**。在这个广义相对论中，有一个时空曲率（只要知道度规 **g** 在时空里如何变化，就可以计算），由 $\begin{bmatrix} 0 \\ 4 \end{bmatrix}$ 张量 **R** 描述，叫黎曼（-克里斯多菲尔（Christoffel））张量，它有较为复杂的对称性，使 **R** 在每一点有 20 个独立分量。这些分量可以分解为两个部分：一个构成 $\begin{bmatrix} 0 \\ 4 \end{bmatrix}$ 张量 **C**，10 个独立分量，叫外尔（Weyl）共形张量，另一个构成对称 $\begin{bmatrix} 0 \\ 2 \end{bmatrix}$ 张量 **E**，也有 10 个独立分量，叫爱因斯坦张量（等价于一个略微不同的 $\begin{bmatrix} 0 \\ 2 \end{bmatrix}$ 张量，叫里奇（Ricci）张量）[2.57]。根据爱因斯坦场方程，为引力场提供源的正是 **E**，它通常表达[2.58]为

$$\mathbf{E} = \frac{8\pi G}{c^4}\mathbf{T} + \Lambda\mathbf{g}$$

或用3.2节的普朗克单位，简化为

$$\mathbf{E} = 8\pi\mathbf{T} + \Lambda\mathbf{g}$$

其中 Λ 为宇宙学常数，能量 $\begin{bmatrix}0\\2\end{bmatrix}$ 张量 $\mathbf{T}$ 代表质量-能量密度和其他相对论要求的相关量。换句话说，$\mathbf{E}$（或能量张量 $\mathbf{T}$）就是 $\mathbf{J}$ 的引力类比。那么，外尔张量 $\mathbf{C}$ 就是麦克斯韦 $\mathbf{F}$ 的引力类比。

我们可以问 $\mathbf{C}$ 和 $\mathbf{E}$ 有什么可以直接观测的效应，正如铁屑的排列或罗盘的指针显现磁场，木髓球的效应显现电场，等等。实际上，在几乎相同的意义上，我们真可以看到 $\mathbf{E}$ 的效应，特别是 $\mathbf{C}$ 的效应，因为这些张量对光线有着直接而且可以区分的效应 —— 从这方面说，$\mathbf{E}$ 和 $\mathbf{T}$ 是完全等价的，因为 $\Lambda\mathbf{g}$ 对光线没有影响。我们可以明确地说，第一个支持广义相对论的清晰证据正是那样的直接观测 —— 那是在1919年日食期间，爱丁顿爵士远征普林西比岛去观测恒星位置因为太阳的引力场而产生的显著偏离。

大致说来，$\mathbf{E}$ 的作用像放大镜，而 $\mathbf{C}$ 像纯粹的散光透镜。如果想[131]象光线经过或穿过大质量物体（如太阳）时会如何受影响，就能很好体会这些效应。当然，普通光线不会真的穿过太阳内部（在月食的时候，也不可能穿过暗淡的月亮），所以我们在这种情形下不会直接看到那些特殊的光线。但可以想象，假如我们真的能透过太阳看到那一片星空，那片视野将因为 $\mathbf{E}$ 的存在而略有放大，那儿也是太阳的引力

物质存在的地方。E 的纯效应就是放大背后的视野，而没有变形。[2.59]
然而，对太阳圆盘外的一片遥远星空的变形图像（这也是实际看到
的），我们会发现，越向外看，向外的位移就越来越小，这就形成遥远
星场的散光扭曲。图 2.47 说明了这些效应。由于太阳边缘外的视域
变形，遥远星空的小圆模式看起来就像椭圆，而椭圆性（椭率）正是
光线所截取的那部分外尔曲率 C 的度量。

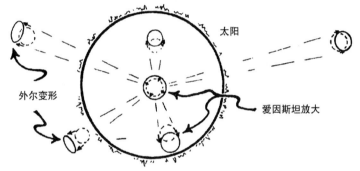

图 2.47　引力体（这里是太阳）周围外尔曲率的存在，可以从它对背景场的扭
曲（非共形的）效应看出来

　　实际上，最初由爱因斯坦预言的这种引力透镜效应，已经成为现
代天文学和宇宙学的极端重要的工具，因为它提供了一种观测物质分
布的方法。如果没有它，可能有些东西就完全不可能看见。在多数情
形，遥远的背景视域都包含大量遥远星系。我们的目标是确定那个背
景视域里是否出现显著的椭率，然后我们用它来估计产生这种椭圆模
式的引力场的物质分布。然而，问题是星系本身就是椭圆形的，所以
我们通常不可能分辨单个的星系图像是否发生了形变。不过，因为有
大量远视域的星系，统计就有意义了。我们常常可以用统计的方法得
到一些非常令人满意的物质分布估计。有时，甚至可以用肉眼来判断。
图 2.48 提供了一些重要例子，其中椭圆模式使透镜源的存在表现得

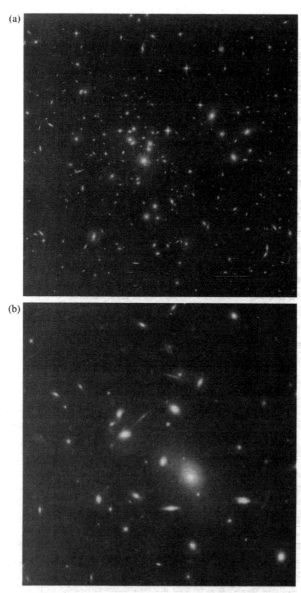

图2.48 引力透镜：(a)星系团Abell 1689；(b)星系团Abell 2218

尤为显著。这个技术的一个重要应用是画出暗物质分布（见2.1节），因为用其他方法是看不见它们的。[2.60]

　　C在光线方向产生椭率的事实，意味着它可以充当描述共形曲率的量。2.3节最后指出，时空的共形结构实际上就是它的零锥结构。于是，时空的共形曲率（即**C**）度量了零锥结构对闵氏空间**M**的偏离。我们看到，这种偏离的本性在于它使光束产生椭率。

　　现在我们来看为了刻画大爆炸的特殊性需要什么条件。大概说，我们需要证明引力自由度在大爆炸时尚未被激发，这等于说"外尔曲率**C**在那儿消失了"。多年来，我一直假定诸如"**C**=0"的条件对初始型奇点成立，这与出现在黑洞的"终结型"奇点的情形正好相反——对黑洞来说，**C**可能变成无限大，例如在奥本海默−斯尼德坍缩趋于奇点的情形；也可能非常剧烈地发散，例如在BKL奇点情
133　形。[2.61]一般说来，**C**在初始奇点为零的条件——我称为外尔曲率假设（WCH）——看起来很恰当，但也有些尴尬，因为它实际上可以有很多不同的表述方式。大概说来，麻烦在于**C**是张量，对这种量在时空奇点的行为，很难做出明晰的数学判断，因为不论在什么坐标系，张量概念本身在奇点处都会失去意义。

　　幸运的是，我的牛津同事托德（Paul Tod）曾详尽研究过一个不同的但在数学上更令人满意的构建WCH的方法。大意是说，在一定
134　程度上，存在一个大爆炸3维曲面$\mathscr{B}^-$，当$\mathcal{M}$为共形流形时，曲面表现为时空$\mathcal{M}$的光滑过去边界，正如图2.34和2.35的严格共形图展示的完全对称FLRW模型的情形；不过这儿没有假定那些特殊模型的

FLRW对称性，见图2.49。托德的建议至少约束**C**在大爆炸是有限的（因为在$\mathscr{B}^-$的共形结构被假定为光滑的），而不是狂野地发散的，这个陈述大概能很好满足我们的要求。

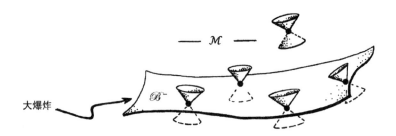

图2.49　托德的"外尔曲率假定"形式的共形草图，断言大爆炸为时空$\mathscr{M}$提供了一个光滑边界

为了使这个条件在数学上更清晰，可以方便地假定时空在这种形式下能像共形流形一样光滑延拓到超曲面$\mathscr{B}^-$之前一点儿。延拓到**大爆炸**之前？当然不是：大爆炸被认为代表万物的起点，所以不会有"之前"。别怕——这只是一个数学把戏。延拓没有任何物理意义！ 135

　　或者也许……？

第 2 章 注释

[2.1] 关于红移的各种可能解释也在不断提出来，其中最流行的是某种形式的"疲劳光"，根据这个解释，光子在飞向我们的途中"失去了能量"。另一种解释则认为时间进程在过去较慢。这些观点，要么与已有的观测和原理矛盾，要么等于"白说"，因为它们可以转述为与标准的宇宙膨胀图景等价的东西，却有着异常的空间和时间测量的定义。

[2.2] A. Blanchard, M. Douspis, M. Rowan-Robinson, and S. Sarkar (2003), An alternative to the cosmological "concordance model". *Astronomy & Astrophyscis* 412:35–44. arXiv:astro-ph/0304237v2, 7 Jul 2003.

[2.3] "大爆炸"的名字初现于 1949 年 3 月 28 日的一个 BBC 广播节目，多少带点儿贬义，是霍伊尔（Fred Hoyle）用来挖苦那个理论的。他本人是"稳恒态理论"的坚强支持者。

[2.4] 暗物质并不是"黑暗"的物质（如巨大的可见的暗尘区域，可以从它们的模糊效应看出来），更准确说是不可见的物质。另外，所谓"暗能量"也大不同于普通物质具有的能量，普通能量满足爱因斯坦关系 $E = mc^2$，而且对其他物质有着引力效应。相反，暗能量是排斥性的，迄今发现的效应相当于存在某种不同于普通能量的东西，即爱因斯坦 1917 年引入的宇宙学常数，后来几乎所有宇宙学教科书都考虑了这个效应。那个常数确实应该是不变的，所以不同于普通能量，它没有独立的自由度。

[2.5] Halton Arp and 33 others, An open letter to the scientific community. *New Scientist*, May 22, 2004.

[2.6] 脉冲星是中子星——一种非常致密的天体，直径大约 10 千米，质量比太阳略大——具有强大的磁场和高速的旋转，非常精确地反复发出可在地球上探测的电磁辐射。

[2.7] 奇怪的是，弗里德曼本人并没具体讨论过空间曲率为零的最简单

情形：*Zeitschrift für Physik* 21：326-332.

[2.8] 就是说，除了可能的拓扑等价，它们都是一样的，不过与我们这儿说的无关。

[2.9] 在 $K=0$ 和 $K<0$ 的情形，都存在空间有限的拓扑闭合形式（将空间几何中一定距离的点粘合起来而得到）。不过，这些情形都失去了整体的空间各向同性。

[2.10] 超新星是死亡恒星剧烈爆炸形成的（质量略大于我们的太阳），在几天内的光亮超过它所在的整个星系的光亮，见2.4节。

[2.11] S. Perlmutter et al.（1999），*Astrophysical J.* 517：565. A. Reiss et al.（1998），*Astrophysical J.* 116：1009.

[2.12] Eugenio Beltrami（1868），Saggio di interpretazione della geometria non-euclidea. *Giornale di Mathematiche* VI 285-315. Eugenio Beltrami（1868），Teoria fondamentale degli spazii di curvatura costante. *Annali Di Mat.* , ser. II 2：235-255.

[2.13] H. Bondi，T. Gold（1948），The steady-state theory of the expanding universe. *Monthly Notices of the Royal Astronomical Society* **108**：252-70. Fred Hoyle（1948），A new model for the expanding universe. *Monthly Notices of the Royal Astronomical Society* **108**：372-382.

[2.14] 我从好朋友席艾玛（Dennis Sciama）那儿学到了很多物理学，感受了他的兴奋。他那时除了听邦迪和狄拉克令人激动的演讲，还是稳恒态模型的强力支持者。

[2.15] J. R. Shakeshaft，M. Ryle，J. E. Baldwin，B. Elsmore，J. H. Thomson（1955），*Mem RAS* **67**：106-154.

[**2.16**]　基本物理学的温度度量通常用"开尔文"（记作 K）为单位，它的
　　　　　数值等于绝对零度以上的摄氏温度。

[**2.17**]　有时也简写为 CMBR，CBR 或 MBR。

[**2.18**]　对给定温度 T，频率为 v 的黑体密度的普朗克公式为 $2hv^3/$
　　　　　$(e^{hv/kT} - 1)$，其中 h 和 k 分别为普朗克和玻尔兹曼常数。

[**2.19**]　R. C. Tolman（1934），*Relativity，thermodynamics，and
　　　　　cosmology*，Clarendon Press.

[**2.20**]　本星系群（包括太阳系所在的银河系的星系团）在以 630 km·s^{-1} 的
　　　　　速度相对于 CMB 的参照系运动。A. Kogut et al.（1993），*Astro-
　　　　　physical J* **419**：1.

[**2.21**]　H. Bondi（1952），*Cosmology*，Cambridge University Press.

[**2.22**]　海底火山爆发似乎提供了一个有趣的例外，奇异的生命形式就靠
　　　　　那儿生存。火山活动源于放射性物质的热，它们源于其他恒星，
　　　　　是在遥远的过去从超新星爆发中喷射出来的。于是，这些恒星便
　　　　　充当了低熵太阳的角色，但文中的一般观点保持不变。

[**2.23**]　这个方程的少许修正，一方面来自注释 2.22 所指的放射性物质
　　　　　的些许热量，另一方面来自化石燃料的燃烧和全球变暖的效应。

[**2.24**]　一般观点似乎最早出自薛定谔 1944 年的名著《生命是什么》
　　　　　（*What is Life?*）。

[**2.25**]　R. Penrose（1989），*The emperor's new mind：concerning
　　　　　computers，minds，and the laws of physics*，Oxford University
　　　　　Press.

[**2.26**]　人们相当普遍地称这个零锥为"光锥"，但我更愿意用那个名词

来指通过某个事件 p 的光线在整个时空扫过的轨迹。另外，这里所说的零锥正是用点 p 的切空间（即 p 点的无限小距离内）定义的结构。

[**2.27**] 关于闵氏空间更具体的描述，我们可以随便选一个观测者的静止参照系和寻常直角坐标（x, y, z）确定一个事件的空间位置，用时间坐标t确定观测者的时间坐标。令空间和时间尺度满足 $c=1$，我们看到零锥由 $dt^2-dx^2-dy^2-dz^2=0$ 决定。于是，原点的光锥（见注释2.26）为 $t^2-x^2-y^2-z^2=0$。

[**2.28**] 这里的质量概念（"有质量的""无质量的"）指的是静止质量。我将在3.1节回到这个问题。

[**2.29**] 回想1.3节，寻常的动力学方程是时间可逆的，所以就动力学行为——物理系统的亚微观成分主导的行为——而言，我们同样可以说因果可以从未来传到过去。不过，文中的"因果"概念遵从其标准意思。

[**2.30**] 长度 $=\int\sqrt{g_{ij}dx^i dx^j}$，见R. Penrose（2004），*The Road to Reality*，Random House，Fig. 14. 20，p. 318.

[**2.31**] J. L. Synge（1956）*Relativity: the general theory.* North Holland Publishing.

[**2.32**] 实际上，正是这个自然度规的存在，彻底打破了庞加勒看似透彻的分析——他认为空间几何根本上是一个约定问题，因而最简单的欧几里得几何总是物理学的最佳几何！见Poincaré *Science and Method*（trans Francis Maitland（1914））Thomas Nelson.

[**2.33**] 粒子的静止能量是它在静止坐标系中的能量，所以对粒子因运动而产生的能量（动能）没有贡献。

[**2.34**] "逃逸速度"是引力体表面的一个特征速度，任何物体如果达到

那个速度，就可以完全从引力体跑出去，不再落回它的表面。

[**2.35**]　这是类星体 3C273。

[**2.36**]　见 R. Penrose（1965），"Zero rest-mass fields including gravitation: asymptotic behaviour", Proc. Roy. Soc. **A284**: 159–203. 论证不那么完备。

[**2.37**]　其背景有点儿奇怪，参见我 1999 年的书，The emperor's new mind, Oxford University Press.（《皇帝新脑》，湖南科学技术出版社）

[**2.38**]　俘获面的存在是我们现在所谓"类局域条件"的一个例子。在这种情形，我们认定存在 2 维拓扑的闭合类空曲面（通常是 2 维拓扑球面），曲面未来指向的零法向都聚合于未来。在任何时空，都存在一些其法向具有如此条件的局域 2 维类空曲面碎片，所以这个条件不是局域的；不过，只有当这些碎片能拼接成闭合曲面（即紧致拓扑）时，才可能出现俘获面。

[**2.39**]　R. Penrose（1965），"Gravitational collapse and space-time singularities", *Phys. Rev. Lett.* **14** 57–9. R. Penrose（1968），"Structure of space-time", in *Batelle Rencontres*（ed. C. M. deWitt, J. A. Wheeler），Benjamin, New York.

[**2.40**]　在这个背景下，非奇异时空的唯一要求是所谓的"未来零完备性"——这也是"奇异性"所阻止的。这个要求说的是，每条零测地线都可以延伸到未来，取得无限大的"仿射参数"值。见 S. W. Hawking, R. Penrose（1996），*The nature of space and time*, Princeton University Press.

[**2.41**]　R. Penrose（1994），"The question of cosmic censorship", in *Black holes and relativistic stars*（ed. R. M. Wald），University of Chicago Press.

[**2.42**]　R. Narayan, J. S. Heyl (2002), " On the lack of type IX-ray bursts in black hole X-ray binaries : evidence for the event horizon? ", *Astrophysical J* **574** : 139–142.

[**2.43**]　严格共形图的概念，最初是 Brandon Carter (1966) 根据我 1962 年以来常用的共形草图的粗糙描述确立的 (见 Penrose 1962, 1964, 1965). B. Carter (1966), " Complete analytic extension of the symmetry axis of Kerr ' s solution of Einstein ' s equations ", *Phys. Rev.* **141** : 1242–1247. R. Penrose (1962), " The light cone at infinity ", in *Proceedings of the* 1962 *conference on relativistic theories of gravitation*, Warsaw, Polish Academy of Sciences. R. Penrose (1964), " Conformal approach to infinity ", in *Relativity*, *groups and topology. The* 1963 *Les Houches Lectures* (ed. B. S. DeWitt, C. M. DeWitt), Gordon and Breach, New York. R. Penrose (1965), " Gravitational collapse and space-time singularities ", *Phys. Rev. Lett.* **14** : 57–59.

[**2.44**]　巧合的是，波兰语 " skraj " 与 " scri " 发音相同，意思是边界 (尽管通常指森林的边界)。

[**2.45**]　在时间倒转的稳恒态模型中，在这个轨道上自由运动的宇航员会遇到周围物质以越来越大的速度向内运动，最终在有限的时间里达到光速，具有无限的动量。

[**2.46**]　J. L. Synge (1950), Proc. Roy. Irish Acad. 53 A 83. M. D. Kruskal (1960), " Maximal extension of Schwarzschild metric ", *Phys. Rev.* **119** : 1743–1745. G. Szekeres (1960), " On the singularities of a Riemannian manifold ", *Publ. Mat. Debrecen* **7** : 285–301. C. F ronsdal (1959), " Completion and embedding of the Schwarzschild solution ", *Phys Rev.* **116** : 778–781.

[**2.47**]　S. W. Hawking (1974), " Black hole explosions? ", *Nature* **248** : 30.

[**2.48**] 宇宙学视界和粒子视界的概念，最早见于Wolfgang Rindler
（1956），" Visual horizons in world-models "，*Monthly Notices of
the Roy. Astronom. Soc.* **116**：662. 这些概念与共形（草）图的关
系见R. Penrose（1967），" Cosmological boundary conditions for
zero rest-mass fields "，in *The nature of time*（pp. 42–54）（ed. T.
Gold），Cornell University Press.

[**2.49**] 意思是，$C^-(p)$ 是能通过未来方向的因果曲线与事件 p 联系的
点集的（未来）边界。

[**2.50**] 我曾证明局域宇宙坍缩下的奇点是不可避免的（见注释2.36的
1965年文献；也见 §2.4），霍金据此发表了系列论文，证明这
个结果也可用于整体的宇宙学背景，见*Proceedings of the Royal
Society*的系列论文 [见S. W. Hawking, G. F. R. Ellis（1973），*The
large-scale structure of space-time*，Cambridge University Press]。
1970年，我们合力提出了一个涵盖各种情形的综合定理：S. W.
Hawking, R. Penrose（1970），" The singularities of gravitational
collapse and cosmology "，*Proc. Roy. Soc. Lond.* A**314**：529–
548.

[**2.51**] 我最先提出这种论证，见R. Penrose（1990），" Difficulties
with inflationary cosmology "，in *Proceedings of the 14th Texas
symposium on relativistic astrophysics*（ed. E. Fenves），New York
Academy of Science. 我没见过来自暴胀支持者们的反应。

[**2.52**] D. Eardley（（1974），" Death of white holes in the early universe "，
Phys. Rev. Lett. **33** 442–444）指出，早期宇宙的白洞是高度不稳
定的。但那不是它们没成为初始态的理由，而且那与我在这里说
的非常一致。白洞很可能以不同的速率消失，正如在相反的时间
方向上，黑洞能以不同的速率形成。

[**2.53**] 比较A. Strominger, C. Vafa（1996），" Microscopic origin of the Beken
stein-Hawking entropy "，*Phys. Lett.* **B379**：99–104. A. Ashtekar,

M. Bojowald, J. Lewandowski (2003), "Mathematical structure of loop quantum cosmology", *Adv. Theor. Math. Phys.* **7**: 233-268. K. Thorne (1986), *Black holes: the mebrane paradigm*, Yale University Press.

[**2.54**] 在其他场合，我给的第二个指数是"123"而不是"124"，但我现在提高指数，以包括暗物质的贡献。

[**2.55**] $10^{10^{124}}$ 除以 $10^{10^{89}}$，我们得到 $10^{10^{124}-10^{89}} = 10^{10^{124}}$，几乎没有差别。

[**2.56**] R. Penrose (1998), "The question of cosmic censorship", in *Black holes and relativistic stars* (ed. R. M. Wald), University of Chicago Press. (Reprinted J. *Astrophys.* **20**: 233-248, 1999)

[**2.57**] 见附录A3 Ricci张量。

[**2.58**] 用附录A的约定。

[**2.59**] 不过，不同透镜效应沿视线的"叠加"存在非线性效应，我在这儿忽略了。

[**2.60**] A. O. Petters, H. Levine, J. Wambsganns (2001), *Singularity theory and gravitational lensing*, Birkhauser.

[**2.61**] 多年来，我一直建议如"$C=0$"那样的条件在初始型奇点成立，这与在黑洞的"终极型"奇点发生的事情正好相反。R. Penrose (1979), "Singularities and time-asymmetry", in S. W. Hawking, W. Israel, *General relativity: an Einstein centenary survey*, Cambridge University Press, pp. 581-638. S. W. Goode, J. Wainwright (1985), "Isotropic singularities in cosmological models", *Class. Quantum Grav.* **2** 99-115. R. P. A. C. Newman (1993), "On the structure of conformal singularities in classical general relativity", *Proc. R. Soc. Lond.* **A443**: 473-449.

K. Anguige and K. P. Tod (1999), "Isotropic cosmological singularities I. Polytropic perfect fluid spacetimes", *Ann. Phys. N. Y.* **276**: 257–293.

第 3 章
共形循环宇宙学

3.1 连接无限

139

在那遥远的过去，大爆炸之后不久，物质宇宙从物理上看究竟是什么样子呢？有一件事情很特殊：它很热 —— 热极了。那时粒子运动的动能大得完全超过了粒子相对较小的静止能量（对静止质量为 m 的粒子，$E=mc^2$）。于是，粒子的静止质量实际上是无关紧要的 —— 如果我们考虑相关的动力学过程，它几乎等于零。宇宙在极早时期所包容的实际上都是无质量粒子。

为了以另一种方式说明这个问题，我们回想一下根据当代粒子物理学关于粒子质量生成的思想[3.1]；粒子的静止质量来自一种叫希格斯（Higgs）玻色子的特殊粒子（或一族那样的特殊粒子）的作用。所以，关于大自然任何静止质量起源的标准观点是，存在一个与希格斯粒子相伴的量子场，它通过一种微妙的量子力学的"对称破缺"过程，将质量赋予其他粒子 —— 假如没有希格斯粒子，它们就不可能拥有这个质量。希格斯粒子也由此获得自己的质量（或者说静止能量）。但在极早期的宇宙，温度实在太高，它提供的巨大能量超过了希格斯的值，于是，根据标准观点，所有粒子实际上都变得和光子一样没有 140

质量。

　　我们从 2.3 节讲的可以知道，仅就时空的共形（或零锥）结构而言，无质量粒子没有表现出与时空的整个度规性质有什么特殊关系。为说得更具体些，我们考虑最基本的无质量粒子 —— 光子 —— 它直到今天也还是无质量的。[3.2] 为更好理解光子，我们需要在奇异但精确的量子力学理论（更准确说，是量子场论，QFT）背景下来思考。我不能在这儿深入探讨量子场论的细节（尽管我会在 3.4 节讲几个基本的量子问题），我们主要关心以光子为量子组成的物理场。这种场就是麦克斯韦的电磁场，由张量 **F** 描述，见 2.6 节。现在发现，麦克斯韦场方程是完全共形不变的。什么意思呢？就是说，只要我们将度规 **g** 用一个共形相关的 **ĝ** 来代替：

$$\mathbf{g} \mapsto \hat{\mathbf{g}}$$

新度规（非均匀）重新标度为

$$\hat{\mathbf{g}} = \Omega^2 \mathbf{g}$$

其中 Ω 是一个正的在时空中光滑变化的标量（见 2.3 节），我们可以为场 **F** 和它的源、电荷 − 电流矢量 **J**，找到恰当的标度因子，使同样的麦克斯韦方程像以前那样成立，[3.3] 不过这时所有运算都用 **ĝ** 而不是 **g** 来定义。相应地，在特殊共形标度下的麦克斯韦方程的任意解，可以精确地转换为任何其他共形标度下的对应解。（3.2 节将更详细地解释，更完整的解释见附录 A6。）而且，在最基础的水平上，这与 QFT 是基

本一致的，[3.4] 因为它与粒子（即光子）描述的对应也可以迁移到新
度规ĝ，而且单个的光子也对应单个的光子。于是，光子本身甚至"注 141
意"不到局域的尺度已经变了。

　　实际上，麦克斯韦理论在这种强硬意义上是共形不变的，其中
将电荷与电磁场耦合在一起的电磁相互作用，对标度的局域变化也
是不敏感的。为了建立方程，光子和它与荷电粒子的相互作用，确实
需要时空具有零锥结构（即共形时空结构），但是不需要符合给定零
锥结构的、能区分不同度规的标度因子。另外，完全同样的不变性也
满足杨振宁-米尔斯（Yang-Mills）方程，那个方程不但决定了强相
互作用，即核子（质子、中子和组成它们的夸克）和其他强相互作用
粒子之间的力，也决定了弱相互作用，即引起辐射衰变的作用。从数
学说，杨-米理论[3.5] 大体就是有"额外内在指标"的麦克斯韦理论
（见附录A7）。这样，单个光子才会被多个粒子取代。在强相互作用
情形，所谓夸克和胶子分别是电磁理论的电子和质子的类比，但胶子
其实是有质量的，其质量被认为直接与希格斯有关。在弱相互作用的
标准理论（叫"电弱理论"，因为电磁理论现在也融入了这个理论）中，
光子是多重态的组成部分，另外还有3个粒子，都是有质量的，叫W+、
W-和Z。我们认为这些质量也是与希格斯耦合的。这样，根据现行理
论，在接近大爆炸时代的极高温度下——其实，粒子能量也极高，预
期是LHC（大型重子对撞机，在日内瓦的欧洲核子中心）全力运转将
达到的能量[3.6]——当产生质量的因素被驱逐时，整个共形不变性
就将重新恢复。当然，其中的细节要看我们关于这些相互作用的标准
理论是不是恰当，不过这似乎是一个不无道理的假定，眼下我们的粒
子物理学的观点还是站得住脚的。不管怎么说，即使以后发现（例如，142

当我们知道并认识了LHC的具体结果）事情不像现行理论所想的样子，我们仍然可以猜想，当能量越来越高时，静止质量会变得越来越无关紧要，而物理过程将取决于共形不变的定律。

　　其中的要点在于，接近大爆炸时（大概大爆炸之后10^{-12}秒），[3.7]温度超过10^{16}K，相关的物理学对标度因子Ω"视而不见"，因而共形几何成为相关物理过程的恰当时空结构。[3.8] 于是，那个阶段的所有物理活动对局域标度变化都不敏感。根据托德的建议（2.6节，图2.49），在共形图中，大爆炸向外扩展成为完全光滑的类空3维曲面$\mathscr{B}^-$，而从数学来看它是向大爆炸之前的共形"时空"扩张，于是物理活动将逆时间以数学一贯的方式传播，呈现一幅不为巨大的标度改变所扰动的图像，传向那个根据托德的建议而"等着它"的假想的前大爆炸区域，见图3.1。

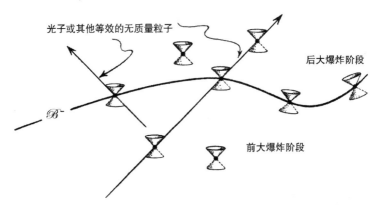

光子或其他等效的无质量粒子

后大爆炸阶段

$\mathscr{B}^-$

前大爆炸阶段

图3.1　光子和其他无质量（等效）粒子/场可以光滑地从更早的前大爆炸时期
传向现在的后大爆炸时期，或者反过来说，我们可以从后大爆炸时期向前大爆炸时
期传递信息

真的可以假定我们应该将那个假想的区域当成物理现实来处理

吗？如果可以，那么"前大爆炸"阶段会是什么样的时空区域呢？也许我们立刻会想起宇宙的某个坍缩阶段，它在暴胀时能以某种方式回弹成膨胀的宇宙。但这幅图像颠覆了我想努力达成的结果。那个图像要求我们坍缩的前大爆炸阶段以令人难以置信的精度"瞄准"如此特殊的最终状态，其特殊性和我们在大爆炸中看到的特殊性一样乎寻常。这意味着那个前大爆炸阶段严重背离了第二定律，它的熵减小到我们在大爆炸看到的（相对）极端微小的数值。我们回想一下2.6节用过的符合第二定律的坍缩宇宙图像。这是一个充满黑洞的时空，它¹⁴⁴坍缩的奇点绝不会类似于一种具有我们要求的共形光滑的几何，而那是为了满足托德建议所需要的（图3.2）。

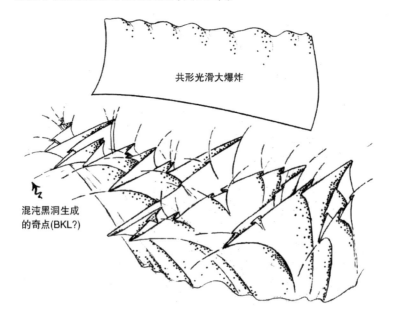

共形光滑大爆炸

混沌黑洞生成
的奇点(BKL?)

图3.2　一般性坍缩预期出现的奇点类型不会满足共形光滑低熵的大爆炸

当然，我们也可以采纳这样的观点：在前大爆炸阶段，第二定律本来就在反时间方向运行（比较1.6节最后一段），但那与本书的目标正好南辕北辙。我们希望找到某种更像第二定律的"解释"的东西，或者至少找到它的某种基本原理的东西，而不是简单判决在宇宙历史的某个阶段（即前面考虑的"反弹"时刻）出现某种荒唐的特殊状态。而且，事实证明这种特别的"反弹"式的建议也存在着一些数学困难，我们后面就会看到（3.3节，与托尔曼的充满辐射的宇宙模型有关的部分，也见附录B6）。

现在考虑不同的问题。我们来考察其他的时间终点，即我们对极其遥远的未来有什么样的期许。根据2.1节描述的具有正宇宙学常数的模型（图2.5），我们的宇宙应该最终进入指数式膨胀，这显然非常接近图2.35的共形图所模拟的景像，那儿有一个光滑类空未来共形边界$\mathscr{I}^+$。当然，我们自己的宇宙现在具有某些类型的奇点，它们相对于高度对称的FLRW几何的最大局域偏离是黑洞的出现，特别是星系中心的大质量黑洞。然而，根据2.5节的讨论，所有黑洞最终都应该"砰然"消失（见图2.40及其严格共形图2.41），尽管最大的黑洞也许需要经历一个"谷歌"（googol，即10^{100}）或更多年。

经过那么漫长的岁月，宇宙的物理组成（以粒子数来说）将主要包含光子，来自经过巨大红移的星光和CMB辐射，也来自霍金辐射——它最终将以低熵光子的形式，带走无数巨大黑洞的几乎所有的质量−能量。另外还有引力子（引力波的量子组成），来自黑洞的近距离相遇，特别是星系中心的那些大黑洞——实际上，这些相遇在3.6节起着举足轻重的作用。光子是无质量粒子，引力子也是，根据

2.3节的讨论和图2.21所示，两者都不能用来做时钟。

也许还存在"暗物质"的一个好度量——且不管那种神秘的物质可能是什么（2.1节，我个人更一般的建议见3.2节）——就它们能躲过黑洞的俘获而言。那种物质只通过引力场发生相互作用，很难看出它在时钟构造中能起多大作用。不过，持这种观点代表了一种微妙的哲学改变，而我们在3.2节会看到，那微妙的改变无论如何是我要提出的总体图像所必须的。于是，我们再次看到，在我们宇宙膨胀的最终阶段，似乎只有时空的共形结构才有物理意义。

当宇宙进入这个貌似最终的阶段——也许我们可以说它是"极无聊时代"——似乎就没留下什么有趣的事情可做了。在这个时代之前，最激动人心的事件是黑洞最后的微小残余的"砰然一声"——它们通过霍金辐射的"煎熬"，一点点失去所有的质量，最终消失。面对我们伟大宇宙的最后阶段，我们只剩下可怕的无限厌倦的思想；那个宇宙曾是那么激动人心，涌现着千变万化的诱人活动——多数活动发生在美妙的星系里，闪烁着绚烂的星光，有时还伴随着行星，也许还孕育着某些形式的生命，如奇异的草木和动物，它们中的一些有渊博的知识和深邃的理解力，还有旺盛的艺术创造力。然而，这一切最终都将消失。我们最后的一丝激动可能只是等待，等待，再等待，也许会等待10^{100}年或更久，等待那"砰"的一声——也许只有一颗小炮弹的力量，跟着就是后来的指数式膨胀，令它稀薄、冷却，越来越薄，越来越冷……直到永远。那个图像代表了我们宇宙的最终命运吗？   146

但是，在我为这个思想感到沮丧以后，2005年的一个夏日，我突然有了一个新的想法，就是想问：那时谁会为这个无法忍受的"终极无聊"感到厌倦呢？当然不是我们，而应该是无质量的粒子，如光子和引力子。但想惹恼光子或引力子是很难的 —— 即使不说那些粒子几乎不可能有什么重要的经历！关键在于，从无质量粒子的角度看，时间的流逝等于零。那样的粒子甚至可以在听到它内在时钟的第一声"滴答"之前到达永恒（即 $\mathscr{I}^+$），如图2.22。我们也许可以说，对光子或引力子那样的无质量粒子来说，"永恒并非遥不可及"！

换句话说，静止质量看来是制造时钟的必要元素，所以，如果我们周围几乎没有任何有静止质量的东西，就没办法度量时间的流逝（也就没办法度量距离，因为距离也依赖于时间的测量，见2.3节）。实际上，正如我们前面看到的，无质量粒子似乎并不特别关心时空的度规性质，而仅仅在乎它的共形（或零锥）结构。于是，对无质量粒子来说，最终的超曲面 $\mathscr{I}^+$ 代表它们的一个共形时空区域，和其他任何区域一样，而且似乎没有什么能阻碍它们进入这个共形时空在 $\mathscr{I}^+$ 的"另一边"的假想延伸。而且，通过弗里德里希[3.9]（Helmut Friedrich）的重要工作，我们有强力的数学结果 —— 在这儿考虑的一般背景下（必须有正的宇宙学常数 Λ），它支持这种时空向未来的共形延伸。

这反映了我们对满足托德建议的大爆炸超曲面上的物理学讨论。似乎 $\mathscr{I}^+$ 和 $\mathscr{B}^-$（因为不同理由）都可能允许共形时空光滑地向超曲面的另一边延伸。不仅如此，两边的物质组成也可能基本上都是无质量的东西，其物理行为基本上取决于共形不变方程，而这使得这些物质能继续进入（共形）时空的假想延伸。

其实这儿还有一种可能性。我们的 $\mathscr{I}^+$ 和 $\mathscr{B}^-$ 会不会是同一个呢？也许，作为共形流形，我们的宇宙不过是"转了一圈儿"，从而 $\mathscr{I}^+$ 和之外的就是我们自己的宇宙重新从它的大爆炸起源开始，像托德建议的那样共形地扩张为 $\mathscr{B}^-$。这个观点的简洁当然诱人，但我认为在一致性方面存在着严峻的困难。在我看来，那些困难使这个建议破产了。大致说来，如此时空会包含闭合类时曲线，那么因果影响将导致潜在的悖论，或至少导致对行为的不良约束。这些悖论或约束确实有赖于连贯的信息能通过 $\mathscr{I}^+/\mathscr{B}^-$ 超曲面。不过我们将在3.6节看到，这类事情在我要提出的纲领中是真有可能的，因而那种闭合类时曲线确实有可能引出严峻的自相矛盾的问题。[3.10] 因为这类理由，我不赞同 $\mathscr{I}^+$ 和 $\mathscr{B}^-$ 的重合。

不过，我想"求其次"，建议存在一个 $\mathscr{B}^-$ 之前的物理真实的时空区域，它是某个先前宇宙相的遥远未来；还存在一个物理真实的宇宙相，它扩张到我们的 $\mathscr{I}^+$ 之外，成为新宇宙相的大爆炸。根据这样的建议，我把从我们的 $\mathscr{B}^-$ 开始并向我们的 $\mathscr{I}^+$ 扩张的这个宇宙阶段（相）称为当下的世代，我还建议整个宇宙可以看作一个由（可能无限）多个连续的世代组成的延伸的共形流形，每个世代都呈现一个完整的膨胀宇宙的历史，见图3.3。每一个" $\mathscr{I}^+$ "都与下一个" $\mathscr{B}^-$ "重叠，每个世代向下一个的延续，作为共形时空结构，都能完全光滑地连接起来。

读者可能担心，怎么能把一个遥远的未来同一个大爆炸式的起点等同起来 —— 况且在未来，辐射冷却到零度，密度稀薄到零，而在大爆炸起点，辐射有无限的温度和密度。但在大爆炸的共形"扩张"会

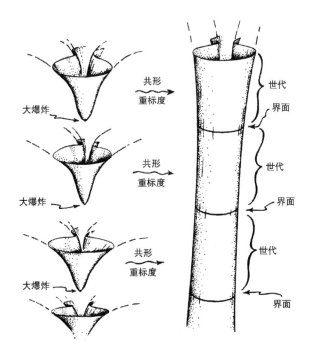

图3.3　共形循环宇宙。（和图2.5一样，我尽力避免宇宙是空间开放或闭合的偏见。）

将无限大的密度和温度降到有限的数值，而无限远处的共形"收缩"会将零密度和温度提高到有限的数值。这正是令两者可能契合的重新标度过程，而不论那扩张还是收缩的过程，两边的相关物理学对它们完全是"没有感觉的"。我们还可以说，描述界面两边物理活动的全部可能状态的相空间 $\mathcal{P}$（图1.3），有着共形不变的体积度量，[3.11] 基本原因是，当距离度量减小时，相应的动量度量就增大（反之亦然），刚好能使两者的乘积在重新标度时保持不变（这个事实对我们在3.4节的内容有着关键意义）。我称这个宇宙学纲领为*共形循环宇宙学*（conformal cyclic cosmology），简称CCC。[3.12]

3.2　CCC的结构

关于CCC建议，还有很多方面需要更细的认识。其中一点关乎遥远未来宇宙的全部内容大概会是些什么东西。上面的讨论主要关心的是可能存在的重要的光子背景，它们来自星光，来自CMB，也来自黑洞的霍金蒸发。我还考虑了引力子对那个背景的可能的巨大贡献——它们是引力波（即时空弯曲的"微澜"）的基本（量子）组成，来自星系核中极端巨大的黑洞相遇。

光子和引力子都是无质量的，所以对非常遥远的未来，似乎有理由采纳这样一种哲学：因为在宇宙历史的末期，原则上不可能用那样的东西来制造时钟，那么宇宙本身在遥远的未来将莫名其妙地"失去时间标度"，从而物理宇宙的几何会真的成为共形几何（即零锥几何），而不是爱因斯坦广义相对论的完全度规几何。实际上，我们很快会看到，还有些与引力场相关的微妙问题，迫使我们以一定的方式修正这种哲学。不过现在，让我们来看看这种哲学立场要面对的另一个困难。

考虑宇宙在它最后阶段的主要成分时，我忽略了一个事实：还有 很多物质，其所在的母体不会成为黑洞，它们从母星系中通过随机过程抛撒出来，有时也可能从它原先所在的星系团跑出来，那儿其实也会有很多绝不会落入黑洞的暗物质。例如，以这种方式逃脱的白矮星并冷却为黑矮星，它的命运会是什么呢？人们提出，质子可能最终衰变，尽管观测极限告诉我们衰变率可能真的非常缓慢。[3.13] 不管怎样，总会有某种类型的衰变产物。而且，尽管多数黑矮星物质都可能通过这种过程最终坍缩成黑洞，仍然可能存在很多"胭脂红"的有质量粒子，它们以某种方式从星系团跑到了它们起初所依附的星系。

我特别关心电子 —— 及其反粒子正电子 —— 因为它们是质量最小的带电粒子。我们有一个并不特别反传统的观点，即质子和其他比电子和正电子质量更大的带电粒子，在经过漫长时期之后，可能最终会衰变为质量更小的粒子。我们可以想象所有质子最终会以这种方式衰变。但如果我们接受电荷必须绝对守恒的传统观点，那么质子终极衰变的产物必然包含一个正的净电荷，从而我们可以预期在最后的残存物里至少有一个正电子。类似的论证也可用于带负电的粒子，最后难免得到这样的结论：一定还会存在大量电子来陪伴那些正电子。也会存在诸如质子和反质子那样的质量更大的带电粒子 —— 假如它们最终不会衰变的话；但这儿的关键问题在于电子和正电子。

为什么这是一个问题呢？难道不会有其他类型（既带正电也带负电）的本来无质量的带电粒子？如果这样，电子和正电子最终都会衰变成那些粒子，那么上面的哲学立场不也就可以坚持了吗？答案似乎是"不"。因为如果存在那种无质量带电粒子，一定会在今天参与物理活动的那群粒子中间，通过大量粒子过程显现出来。[3.14] 然而，我们确实看见这些过程发生了，却没有产生那些无质量带电粒子。于是，我们今天不存在无质量带电粒子。那么，（有质量的）电子和正电子会永远存在吗？这可是与我们倾向的哲学立场对立的。

坚持那个立场的可能性，源自这样的想法：残余的电子和正电子大概会"寻找对方"，最后相互湮灭，只留下光子，而光子对那个哲学是没有破坏的。可惜不幸的是，在极其遥远的未来，很多带电粒子都会孤立地处于各自的宇宙学事件视界之内，如图3.4（也见2.5节图2.43），那个时候——有时是必然的——电荷湮灭的事情就不可能发生了。一种可能的解决方法是，弱化我们的哲学立场，而认为俘获在事件视界内的奇异电子或正电子对时钟的构造几乎不起什么作用。就个人而言，我不满意这样的推理路线，在我看来它缺乏物理学定律应有的那种严格。

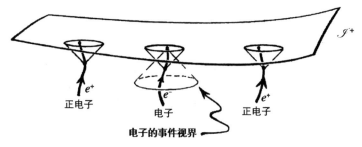

图3.4　偶尔会有"胭脂红"的电子或正电子最终被各自的视界俘获，因而不会通过湮灭失去电荷

153

更激进的解决办法大概是假定电荷守恒其实并不是大自然的严格要求。于是，在极端偶然的情形，带电粒子可能会衰变成没有电荷的粒子，那么，所有电荷可能最终会在无限漫长的时间里消失。基于这个考虑，电子或正电子可能最终转化为它们不带电的兄弟，如中微子。在那样的情形，也要求在3种已知类型的中微子中存在一种没有静止质量的粒子。[3.15]除了没有任何违背电荷守恒的证据而外，这种可能在理论上也极端令人不快，它似乎还要求光子本身获得一点儿小质量，这就从内骨子里颠覆了那个哲学立场。

我还想到一种可能，立刻就觉得确实应该认真考虑，而且没有一点儿毛病——那就是，静止质量的概念并不像我们想象的那样是绝对的常数。它的意思是，残留的有质量粒子（电子、正电子、中微子以及质子和反质子）在整个无限的存在时间里 —— 如果不会最终衰变，而且不管暗物质由什么组成（肯定没有电荷，但具有静止质量）—— 将看到它们的静止质量逐渐消失，最终达到零的极限。迄今为止，我们也绝对地没有观测证据表明寻常的静止质量概念会被破坏，但在这个情形，传统静止质量观点的理论支持远不如电荷守恒那么重要。在电荷情形，我们有可加的量，即系统的总电荷总是等于构成电荷的总和；但是对静止质量来说，当然不是这样的。（爱因斯坦的 $E = mc^2$ 告诉我们，构成物的运动的动能对总质量也有贡献。）另外，尽管基本电荷的实际数值（例如反下夸克的电荷，它等于质子电荷的三分之一）仍然是一个理论难题，但在宇宙中发现的所有其他电荷都是那个值的整数倍。静止质量似乎就不是这种情况，不同类型粒子的静止质量为什么取那样的数值，其背后的理由我们还一无所知。这样看来，我们还有一定的自由认为基本粒子的静止质量不是绝对常数 —— 实际上，正如3.1节说的，根据标准粒子物理学，它在极早期宇宙就不是常数 —— 而且可能在遥远的未来衰减到零。

154

关于这一点，我们可以对粒子物理学中静止质量的现状做些许技术性的评论。解决"基本粒子"问题的标准程序是寻找所谓的"*庞加勒群的不可约表示*"。任何基本粒子都假定为遵照那样的不可约表示来描述。庞加勒群是描述闵氏空间𝕄的对称性的数学结构，在狭义相对论和量子力学的背景下，寻找不可约表示的过程是自然而然的。庞加勒群有两个叫卡西米尔（Casimir）算子的量，[3.16] 代表静止质量和内禀自旋，因而静止质量和内禀自旋被认为是"好量子数"。只要粒子是稳定的，而且不与任何事物发生相互作用，它们就保持为常量。

然而，当正宇宙学常数出现在物理定律中时，𝕄的角色似乎就不那么基本了（因为对𝕄来说 Λ=0）；当考虑和宇宙相关的问题时，我们最终关心的应该是德西特时空𝔻的对称群，而不是𝕄的对称群［见2.5节图2.36（a）和（b）］。然而，后来发现静止质量并不恰好是德西特群的卡西米尔算子（多出了一个包含Λ的小量），所以其最终状态在这种情形下更为可疑。在我看来，静止质量的缓慢衰减在这儿似乎并不是不可能的。[3.17]

　　然而，根据这个建议，静止质量极端缓慢的衰减，却会给对整个CCC纲领带来特别的影响，因为它引出一个与时间测量有关的新问题。回想一下，我们在邻近2.3节末尾时说过，可以用粒子的静止质量作为精确定义的时间标度，那样的标度正是我们从共形结构到完全度规所需要的。正如以上讨论所要求的，如果我们要粒子质量衰减，尽管过程极端缓慢，都会遇到一点儿小麻烦。如果说我们周围还存在有质量的粒子，但质量在缓慢衰减，那么我们还坚持以前的观念，用粒子的静止质量来精确定义我们的时空度规吗？假如我们想落实到某个特殊的粒子类型，例如电子，以它作为时间标准，那么，在一定的衰减率下（即要求电子在到达 $\mathscr{I}^+$ 时，可以认为它是足够接近"无质量"的，见附录A2），我们会发现 $\mathscr{I}^+$ 根本不是无限远，而这个"电子度规"下的宇宙的膨胀要么不得不减速直至停下，要么反转成为坍缩。这种行为似乎不会与爱因斯坦方程相容。而且，如果我们用"中微子度规"或"质子度规"代替"电子度规"，那么时空的具体几何可能会有别于用电子获得的对应行为（除非所有保持初始比例的质量数值都标度到零）。对我来说，这并不很令人满意。

　　为了在世代的整个历史中保留某个恰当形式的爱因斯坦方程（带常数 Λ），我们需要提出另一种度规标度。我们能做的 —— 也许几乎不可能是构造时钟的"实际"解决办法 —— 就是用 Λ 本身，或者与此相关地，用引力常数 G 的有效值，来确定一个时间标度。这样，我们仍然有一个演化的、无限的指数式膨胀的宇宙向着遥远的未来延伸，而不会严重破坏我们的哲学立场：宇宙在局域上将最终失去时间标度的痕迹。

　　这个问题密切关联着我一直掩盖的另一个问题 —— 尽管外尔共形张量 **C** 描述的自由引力场具有共形不变性（因为 **C** 实际上描述了共形曲率），与引力源耦合的场却不是共形不变的。这大不同于在麦克斯韦理论中出现的情形。在那儿，不论自由电磁场 **F** 还是由电流矢量 **J** 描述的 **F** 与场源的耦合，都满足共形不变性。于是，当我们以严格方式将引力带入图像时，CCC 的基本哲学就有些糊涂了。在某种意义上，我们必须持这样的观点：CCC 哲学主张的是，失去时间痕迹的是无引力的物理（和无 Λ 的物理），而不是整个物理。

　　现在我们花点气力来认识爱因斯坦理论与共形不变性之间的关系。这是一个多少有点儿微妙的问题。在电磁学的情形，整个方程组在共形新标度下保持不变。我们来看，如果时空度规 **g** 通过与标度因子 Ω 相关的共形量 **ĝ** 来取代（Ω 是一个在时空光滑变化的正数，见 2.3 节和 3.1 节），

$$\mathbf{g} \mapsto \hat{\mathbf{g}} = \Omega^2 \mathbf{g}$$

结果会怎样呢？为看清麦克斯韦理论的共形不变性，我们重新标度描述场的 $\begin{bmatrix} 0 \\ 2 \end{bmatrix}$ 张量 $\mathbf{F}$ 和描述（电荷-电流）源的 $\begin{bmatrix} 0 \\ 1 \end{bmatrix}$ 张量 $\mathbf{J}$，即

$$\mathbf{F} \mapsto \hat{\mathbf{F}} \text{和} \mathbf{J} \mapsto \hat{\mathbf{J}} = \Omega^{-4} \mathbf{J}$$

麦克斯韦方程可以形式化地写成

$$\nabla \mathbf{F} = 4\pi\, \mathbf{J}$$

其中 ∇ 代表由度规 $\mathbf{g}$ 决定的一组特殊的微分算子。[3.18] 如果用标度变换 $\mathbf{g} \mapsto \hat{\mathbf{g}}$，则 ∇ 必须用对应的 $\hat{\mathbf{g}}$ 所决定的算子量 $\hat{\nabla}$ 来代替，于是我们得到（附录 A6）

$$\hat{\nabla} \hat{\mathbf{F}} = 4\pi\, \hat{\mathbf{J}}$$

这和前面的方程一样，不过是"带帽"的形式，它表达了麦克斯韦方程的共形不变性。特别地，当 $\mathbf{J} = 0$ 时，我们得到自由麦克斯韦方程

$$\nabla \mathbf{F} = 0$$

用 $\mathbf{g} \mapsto \hat{\mathbf{g}}$，我们看到它的共形不变性：

$$\hat{\nabla} \hat{\mathbf{F}} = 4$$

这个（共形不变的）方程组决定了电磁波（光）的传播，也可以认为

是单个光子满足的量子力学的薛定谔方程（见 3.4 节和附录 A2，A6）。

在引力情形，源的 $\left[\begin{smallmatrix}0\\2\end{smallmatrix}\right]$ 张量 $\mathbf{E}$（爱因斯坦张量，取代 $\mathbf{J}$，见 2.6 节）没有呈现方程的共形不变的标度行为，但有一个 $\boldsymbol{\nabla}\mathbf{F}=0$ 的共形不变的类比，决定着引力波的传播，也为自由引力子提供了类似的薛定谔方程。我将这个方程形式化地写成（见附录 A2，A5，A9）

$$\boldsymbol{\nabla}\mathbf{K}=0$$

这儿的微妙之处在于，一方面，当我们用原来的（爱因斯坦）物理度规 $\mathbf{g}$ 时，这个 $\left[\begin{smallmatrix}0\\4\end{smallmatrix}\right]$ 张量 $\mathbf{K}$ 被认为等同于外尔共形 $\left[\begin{smallmatrix}0\\4\end{smallmatrix}\right]$ 张量 $\mathbf{C}$（2.6 节）

$$\mathbf{K}=\mathbf{C}$$

而另一方面可以看到（附录 A9），当我们照 $\mathbf{g}\mapsto\hat{\mathbf{g}}=\Omega^2\mathbf{g}$ 重新标度一个新度规 $\hat{\mathbf{g}}$ 时，为了保持 $\mathbf{C}$ 作为共形曲率的意义，为了保留 $\mathbf{K}$ 的波动传播的共形不变性，我们必须用不同的标度

$$\mathbf{C}\mapsto\hat{\mathbf{C}}=\Omega^2\mathbf{C}\,\text{和}\,\mathbf{K}\mapsto\hat{\mathbf{K}}=\Omega\mathbf{K}$$

这样，我们就得到

$$\hat{\boldsymbol{\nabla}}\hat{\mathbf{K}}=0$$

于是，那些标度引出[3.19]

$$\hat{\mathbf{K}} = \Omega^{-1}\hat{\mathbf{C}}$$

这带来一些奇特的结果，对CCC有着重要意义。当我们从过去趋近 $\mathscr{I}^+$ 时，需要用光滑趋近于零的共形因子 Ω，[3.20] 但它有非零的法向导数。它的几何意义如图3.5。$\mathbf{K}$ 的波动方程的共形不变性意味

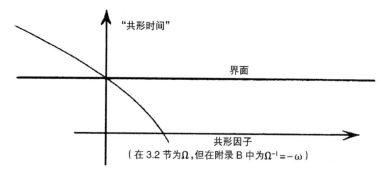

图3.5　共形标度因子平稳地在界面处从正变为负，曲线斜率既非水平也非垂直。这里，"共形时间"指的是适当共形图中的"高度"

158

着它在 $\mathscr{I}^+$ 获得有限（通常是非零的）值，在它向无限远延伸从而在 $\mathscr{I}^+$ 留下印记（图3.6）时，这些值决定了引力辐射（光的引力类比）的强度（或极化）。这同样适用于 $\mathbf{F}$ 在 $\mathscr{I}^+$ 的值，决定着电磁辐射场（光）的强度和极化。但是，因为 Ω 在 $\mathscr{I}^+$ 等于零，于是上面的方程（可以重写成 $\hat{\mathbf{C}} = \Omega\hat{\mathbf{K}}$）告诉我们，$\hat{\mathbf{K}}$ 的有限性意味着共形张量 $\hat{\mathbf{C}}$ 本身也必然在 $\mathscr{I}^+$ 处变成零（在 $\mathscr{I}^+$ 我们用度规 $\hat{\mathbf{g}}$）。因为 $\hat{\mathbf{C}}$ 直接度量了在 $\mathscr{I}^+$ 的共形几何，而CCC要求共形几何在从一个世代到另一个世代的3维界面处是光滑的，这就告诉我们共形曲率在后一个世代的大爆炸曲面 $\mathscr{B}^{\smile}$ 上也必然变成零。于是，与只要求共形曲率为有限值的条件（这是托德建议的直接结果）比起来，CCC实际上提供了更强形式的

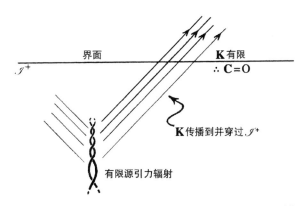

图 3.6　引力场由张量 **K** 度量，遵照共形不变的方程传播，从而一般在 $\mathscr{I}^{+}$ 获得非零的有限值

外尔曲率假设（WCH，见 2.6 节），也就是说，共形曲率在每个世代的 $\mathscr{B}^{--}$ 上确实等于零，这正符合原来的 WCH 的思想。

159　　　　在界面的另一边，即紧随后世代的 $\mathscr{B}^{--}$，我们发现一个在 $\mathscr{B}^{--}$ 变成无限大的共形因子，但其变化方式恰好能使 Ω^{-1} 在 $\mathscr{B}^{--}$ 上光滑地变化。[3.21] 这样看来，Ω 必须能以某种方式在整个 3 维界面连续，然后突然变成它的倒数！从数学上把握这种情形，需要以一种不能区分 Ω 及其倒数 Ω^{-1} 的方式来刻画 Ω 的基本信息。这可以考虑 $\left[\begin{smallmatrix}0\\1\end{smallmatrix}\right]$ 张量 **Π**（1-形式），数学表达式为[3.22]

$$\boldsymbol{\Pi} = \frac{\mathrm{d}\Omega}{\Omega^2 - 1}$$

关于 **Π** 有两个最重要的特征：首先，它在整个 3 维界面上是光滑的；其次，它在 $\Omega \mapsto \Omega^{-1}$ 替换下是不变的。

在CCC中，我们想要求Π确实是在界面上光滑变化的量，于是，假如用Π（而不是Ω）来定义需要的标度信息，那么我们可以想象界面上可以实现$\Omega \mapsto \Omega^{-1}$转换，而$\Pi$仍然保持光滑。这要求$\Omega$在$\mathscr{I}^+$的行为必须满足一定的数学条件，其根据是那些条件确实可以令人满意而且唯一地实现。（详细的论证见附录B。）其结果是，存在一个确定且显然唯一的数学程序能将无质量场通过3维界面延拓到未来，这儿假定无质量场只出现在先前世代的遥远未来（即刚好在$\mathscr{I}^+$之前）。

因为只出现无质量场，我们在上个世代的$\mathscr{I}^+$之前的那个区域选择重标度度规$\hat{g}$时，就有了一种特殊的、与给定共形结构一致的标度自由。这个自由度用场ϖ描述，它满足自耦合（即非线性）共形不变的无质量标量场方程，我称它为"ϖ方程"（附录B2）。ϖ方程的不同解为我们提供了不同的可能度规标度，使我们从选择的$\hat{g}$度规转到其他可能的度规$\varpi^2\hat{g}$，即爱因斯坦方程（带宇宙学常数的）告诉我们只针对无质量引力源的度规。生成爱因斯坦原始度规g的特殊选择的ϖ叫"幽灵场"（因为它会在爱因斯坦的g度规中消失，只取值1）。幽灵场在$\mathscr{I}^+$前的区域没有任何独立的物理自由度，但恰好保留了度规g的痕迹，使我们知道从当下的$\hat{g}$度规回到从前的g度规的标度。

在界面的反面，紧接后续世代的大爆炸，我们看到，只要简单将场光滑地延拓，就能引出新世代的有效引力常数，这时它已经变成负的了，没有物理意义。因此，我们需要接受另一种解释，即在界面的另一边选择与Π一致的标度因子Ω^{-1}。它的效应是，在界面的大爆炸一边将幽灵场ϖ变成实在的物理场（尽管初始是无限的）。如果认为紧随大爆炸的那个ϖ场提供了新暗物质在获得质量之前的初始形式，

160

倒是很诱人的想法。为什么提出这个解释呢？原因很简单：数学要求
在新世代的大爆炸中存在某个具有标量场性质的起主导作用的新贡
161　献，它源于上述共形因子的行为。这是来自光子（电磁场）或任何其
他物质粒子（假定它们到达3维界面时已经失去了静止质量）以外的
贡献。只要我们在界面处用 $\Omega \mapsto \Omega^{-1}$ 变换，数学的一致性必然得到这
样的结果。

　　来自数学的另一个特征是，在界面的大爆炸一边，不能严格保持
所有源都无质量的条件。当然，为了限制共形因子的不良自由度，自
然约束是将静止质量尽可能久远地推迟。于是，大爆炸之后的物质组
成来源之一是静止质量的贡献。我们自然可以假定这多少关系着希格
斯场（或其他什么必要的场）在早期宇宙的静止质量的出现中所起的
作用。

　　在我们世代的初始阶段观测的物质中，暗物质显然居主导形式。
它包含大约70%的普通物质（"普通"的意思是不含宇宙学常数 Λ 的
贡献——通常被称为"暗能量"[3.23]），但暗物质似乎并不满足粒子
物理学的标准模型，它与其他类型的物质的相互作用只有通过引力效
应才能表现出来。前一世代后期的幽灵场 ϖ 表现为引力场的有效标
量分量，它的出现全是因为我们允许共形标度 $g \mapsto \Omega^2 g$，但它没有独
立自由度。在后来的世代，初始出现的新 ϖ 物质会携带前一世代的
引力波的自由度。暗物质在我们的大爆炸时刻似乎有着特殊的地位，
而这当然就是 ϖ 的情形。原来，在大爆炸之后不久（假定希格斯发生
作用时），那个新 ϖ 场获得一个质量，然后变成暗物质——它的角色
是那么的重要，形成了后来的物质分布，以及我们今天看到的各种类

型的不规则性。

两个所谓的"暗"量("暗物质"和"暗能量"),在最近几十年里
的详尽宇宙学观测中逐渐显露出来,似乎都是CCC的必要元素,这 [162]
一点也许是非常重要的。CCC纲领当然离不开$\Lambda > 0$,因为它导致的
$\mathscr{I}^+$的类空性质,正是我们为了满足$\mathscr{B}^-$的类空性质所需要的。而且,
从上面可以看到,我们的纲领需要存在某种可以认定为与暗物质相同
的初始物质分布。这个暗物质解释是否能得到理论和观测的支持,是
一个有趣的问题。

关于Λ,令宇宙学家和量子场论专家们疑惑的主要问题是它的数
值。量$\Lambda\mathbf{g}$常被量子场论专家们解释为真空能量(见3.5节)。由于相
对论的原因,"真空能量"应该是正比于$\mathbf{g}$的$\begin{bmatrix} 0 \\ 2 \end{bmatrix}$张量,但比例因子看
起来比观测值大10^{120}倍,那思想一定出了问题![3.24] 另一件疑惑的事
情是,观测的Λ的微小数值对宇宙膨胀发生的影响,恰好相当于今天
宇宙所有物质的总吸引,它比过去的大得多,而在未来将变得越来越
小,这似乎是一个奇妙的巧合。

对我来说,"巧合"还不算什么大疑惑,更大的疑惑早在Λ值确
实很小的观测证据出现之前很久我们就遇到过了。当然,Λ的观测值
需要解释,不过也许它可以通过某个非常简单的公式,与引力常数G、
光速c和普朗克常数h具体联系起来,但分母中还带一个大数N的
6次方:

$$\Lambda \approx \frac{c^3}{N^6 G\hbar}.$$

其中

$$\hbar = \frac{h}{2\pi}$$

是狄拉克形式的普朗克常数 h（有时也称约化普朗克常数）。N 大约为 10^{20}。1937 年，量子物理学大家狄拉克（Paul Dirac）指出，不同的整数幂似乎出现（近似）在几个不同的基本无量纲常数之比中，特别是引力常数以某种方式出现的时候。（例如，氢原子中电子和质子之间的静电力与引力之比大约为 $10^{40} \approx N^2$。）狄拉克还指出，如果用绝对时间单位（普朗克时间 t_p）宇宙年龄大约是 N^3，普朗克时间和对应的普朗克长度 $l_p = ct_p$ 通常被看作是一种"极小"时空度量（或空间和时间的"量子"），依照量子引力的普通概念：

$$t_p = \sqrt{\frac{G\hbar}{c^5}} \approx 5.4 \times 10^{-44}\,\mathrm{s} \ , \ l_p = \sqrt{\frac{G\hbar}{c^3}} \approx 1.6 \times 10^{-35}\,\mathrm{m}$$

用这些"普朗克单位"，以及下面自然决定的（尽管完全不实用）普朗克质量和普朗克能量单位

$$m_p = \sqrt{\frac{\hbar c}{G}} \approx 2.1 \times 10^{-5}\,g \ , \ E_p = \sqrt{\frac{\hbar c^5}{G}} \approx 2.0 \times 10^{9}\,\mathrm{J}$$

我们可以简单地将许多其他基本自然常数表达为纯（无量纲）数。特别是，在这些单位下，我们有 $\Lambda \approx N^{-6}$。

另外，我们还可以用温度的普朗克单位，即令玻尔兹曼常数 $k = 1$，一个温度单位等于绝对温度 $2.5 \times 10^{32}\mathrm{K}$。在考虑巨大黑洞或整个宇宙

所包含的巨大熵（如3.4节）时，我将用普朗克单位。不过，对那么大的数值，用什么单位似乎没有多大差别。

起初，狄拉克认为，既然宇宙年龄随时间增大（显然），那么 N 也应该随时间增大；或者等价地，G 随时间减小（正比于宇宙年龄的倒数的平方）。然而，G 的测量比狄拉克提出他思想的时候精确多了。结果表明，即使 G（或等价的 N）不是常数，也不可能照狄拉克理论要求的速率变化。[3.25] 不过，1961年，迪克（Robert Dick）指出（后来经过卡特尔（Brandon Carter）的细化），[3.26] 根据我们接受的星体演化理论，普通"主序星"的寿命以特殊的方式关联着各种自然常数，使任何生物 —— 其生命和演化依赖于它在那样一颗普通星体活跃期中间的某个时段 —— 都可能发现一个年龄大约为 N^3（普朗克单位）的宇宙。只要 Λ 的特殊数值 N^{-6} 能从理论上理解，这也可以解释宇宙学常数正好在今天发生作用的巧合。不过，这些显然都是猜测的东西，我们承认还需要更好的理论来理解这些常数。

3.3　早期的前大爆炸理论

CCC纲领也许不同于以前提出的众多关于前大爆炸活动的建议。即使在最早的遵从爱因斯坦广义相对论的宇宙学模型，即1922年提出的弗里德曼模型，也有一个叫"振荡宇宙"。这个名词似乎源于这样的事实：对没有宇宙学常数的封闭弗里德曼模型 [$K > 0$，$\Lambda = 0$，见图2.2（a）]，描述空间宇宙的3维球面的半径作为时间的函数，呈现为摆线的形态，即沿时间轴（规范化为 $c = 1$，见图3.7）滚动的圆圈上的一点所经历的曲线。显然，这条曲线超越了描述空间闭合宇宙（从大爆炸开始膨胀，然后坍缩到大挤压）的单个圆拱，而是延伸出一系列的圆拱，我们可以认为整个模型代表一个没有尽头的"世代"序列（图3.8），这个纲领在1930年曾令爱因斯坦很感兴趣。[3.27]当然，每个阶段中空间半径为零时的"反弹"发生在时空奇点（时空曲率变成无限大），而爱因斯坦方程不能以普通方式来描述合理的演化，即使我们可以想象某些修正，例如像3.2节那样的沿直线的修正。

166

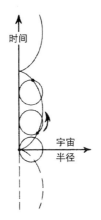 

图3.7　图2.2（a）的弗里德曼模型具有作为时间函数的半径，它描绘了一条摆线，即滚动圆圈上的一点经过的曲线

图3.8　考察图3.7的摆线，我们得到一个振荡的闭合宇宙模型

然而，以本书的观点看，更严峻的问题是，这样的模型如何解决第二定律问题？因为这个特殊的模型没有为代表连续熵增的渐进变化过程留下余地。实际上，1934年，著名美国物理学家托尔曼（Richard Chace Tolman）描述了弗里德曼振荡模型的一个修正，[3.28]它将弗里德曼的"尘埃"改成具有额外内部自由度的复合引力物质，

能接受变化从而适应熵的增加。托尔曼的模型多少有点儿像振荡的弗里德曼模型，但相继的世代会越来越长，半径也越来越大（图3.9）。这个模型仍然属于FLRW型（见2.1节），所以没有为引力凝聚的熵增 [167] 留下余地。于是，模型的熵增是一个相对温和的过程。不过，托尔曼的贡献还是很重要的，它难能可贵地尝试了在宇宙学中容纳第二定律。

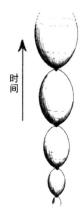

时间

图3.9 托尔曼的模型开始通过熵增的物质来阐释第二定律，每经过一个阶段，模型都会变得更大

这里，我们应该提到托尔曼的另一个宇宙学贡献，它和CCC也有着某种重要的关联。在弗里德曼模型中，处理引力源（即爱因斯坦张量 **E**，见2.6节）的方式是将宇宙的物质组成表示为无压力流体（即"尘埃"，见3.1节）。只要模拟的实际物质是耗散和冷却的，这是不错的一阶近似。可是，当考虑大爆炸附近的情形时，需要将物质组成当成高热的（见3.1节开头），所以我们指望邻近大爆炸的更好近似是不相干辐射——尽管对解耦后的宇宙演化来说（2.2节），弗里德曼的尘埃更好。于是，托尔曼引入了2.1节的6种弗里德曼模型的满辐射类比，由此提出一个更好的邻近大爆炸的宇宙描述。托尔曼的

168 这些辐射解，一般看来与对应的弗里德曼解并没有多大差别，图2.2 和2.5也能很好满足托尔曼的辐射解。图2.34和图2.35的严格共形 图也分别适用于托尔曼的辐射解。唯一的例外是，图2.34（a）严格 说来需要换一个图，即图中的矩形应该用正方形来代替。（在画严格 共形图时，我们有足够的自由容许这样的尺度差别，但在这里的情形， 事情有些特别，不能混淆两个图的整体尺度差别。）

　　弗里德曼的摆线拱（图3.7，$K > 0$的情形）在托尔曼的模型 中，必须用图3.10的半圆来代替，它将宇宙半径描述为时间的函 数（$K > 0$）。奇怪的是，托尔曼的半圆的自然（解析）延拓与摆线的

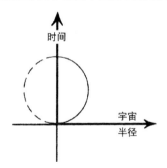

169

图3.10　托尔曼的满辐射闭合宇宙，径向函数是半圆

情形迥然不同，因为我们考虑真正的解析延拓时，[3.29] 半圆应该成为 一个整圆。如果我们想考虑一个实际的超出原始模型的时间参数的延 拓，那就没有意义了。基本说来，在托尔曼情形下，如果我们想把它 解析延伸到模型的大爆炸前的时期，宇宙半径就会变成虚的。[3.30] 于 是，在我们从弗里德曼尘埃转向托尔曼辐射时，通过直接的解析延拓 来实现"振荡"的弗里德曼（$K > 0$）解中出现的那种"反弹"，将失 去意义；托尔曼辐射对实际的大爆炸附近的行为来说要现实得多，因

为我们会发现那儿的温度异乎寻常地高。

发生在奇点的行为的这种区别，对托德的理论（2.6节）很重要。这与共形因子Ω有关——我们需要那个因子将弗里德曼解和对应的托尔曼辐射解的大爆炸"吹胀"成一个光滑的3维曲面$\mathscr{B}$。因为这样的Ω在$\mathscr{B}$变成无限大，所以，用Ω的倒数来表述会更加清楚，我用小写的字母ω来表示：

$$\omega = \Omega^{-1}$$

（读者可以放心，尽管这里的记号与附录B的不同定义的Ω容易混淆，但ω实际上和那儿的意义是一致的。）在弗里德曼情形，我们发现量ω在邻近3维曲面$\mathscr{B}$的行为就像局域（共形）时间参数（在$\mathscr{B}$为零）的平方，这就光滑地实现了ω穿过$\mathscr{B}$的延拓，而不改变ω的符号。于是，它的倒数Ω在穿过$\mathscr{B}$时也不会变成负数，见图3.11（a）。另一方面，在托尔曼辐射的情形，ω正比地随局域时间参数（在$\mathscr{B}$为零）变化，所以ω的光滑性要求ω的符号（从而也是Ω本身的符号）在$\mathscr{B}$的任意一边变成负数。实际上，后者的行为更接近CCC中出现的情形。我们在3.2节看到，3维界面前的世代的遥远未来的光滑共形延拓会通过负的Ω值在后来的世代继续下去［图3.11（b）］。如果我们在界面处不用$\Omega \mapsto \Omega^{-1}$转换（3.2节），那会给我们带来宇宙常数符号的灾难性改变。但是，假如我们真用了那个转换，那么（$-$）Ω在大爆炸一边的行为必然是我们发现的托尔曼辐射解类型的行为，而不是弗里德曼式的行为。这一点令人非常满意，因为托尔曼辐射模型实际上为紧接大爆炸的时空提供了一个很好的局域近似（我忽略了暴胀的可能性，原因 [170]

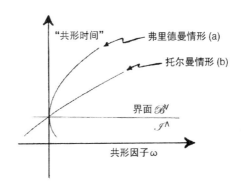

图3.11 共形因子ω行为比较：(a)弗里德曼尘埃，(b)托尔曼辐射。只有(b)
符合CCC。(名词记号见图3.5和附录B。)

见2.6节、3.4节和3.6节)。

还有一个思想，有些宇宙学家认为也许可以融入诸如图3.8的弗里德曼循环模型或它的某种修正(如图3.9所示的托尔曼模型)。那个思想好像源自惠勒(John A. Wheeler)，他曾提出一个有趣的设想：当宇宙通过奇点状态，如那些振荡模型中的零半径时刻，自然的无量纲常数也许已经变了。当然，为了让宇宙通过奇点状态，我们不得不放弃物理学的普通动力学定律，那么，我们似乎没有理由不放弃更多的东西，让基本常数也动起来！

但这儿有一个严峻的问题。我们常说，在自然常数间存在很多奇异的巧合，地球的生命也依赖于它们。有些巧合也许可以随意丢弃，因为它们只对我们熟悉的一定类型的生命才有意义，例如有的参数决定了一个精妙的事实：冰由水凝结而成，却反常地不如水致密，这样，即使外面的温度降到冰点以下，生命也可以隔着一个冰的保护层在不会结冰的水下生存。还有的参数则提出了更大的挑战，例如，中子质量恰好只比质子质量大一丁点儿，这个事实生成了各种不同的稳定原子核 —— 它们成为不同化学元素的基础 —— 假如不是这样，那么整个化学就将是不可能的。这些巧合中最令人惊奇的一个是，福勒 [171] （William Fowler）证明了霍伊尔（Fred Hoyle）的著名预言：碳原子存在一个特殊能级，如果没有它，则意味着恒星的核过程不可能一直进行下去生成超过碳的元素，这样，行星就不会有氮、氧、氯、硫和大量其他元素。（福勒与钱德拉塞卡分享了1982年诺贝尔物理学奖，但奇怪的是，霍伊尔落选了。）

"人存原理"这个名词是卡特尔（Brandon Carter）造的。[3.31] 他认真研究过，如果常数在我们这个特殊的宇宙中 —— 或者在这个特殊宇宙的特殊地方或特殊时间 —— 并不完全是不变的，那么我们将被迫处于另一个宇宙，那儿的常数才有适合智能生命的数值。这是一个极端有趣却备受争议的观点，不过我不想在这儿进一步追寻下去。我一点儿也不确定我自己在这个问题的立场，尽管我相信，人们为了给不可信的（在我看来）理论寻求支持，往往会过分依赖那个原理。[3.32] 在这儿，我只想指出，根据CCC从一个世代通向下一个世代时，3.2节的那个"N"的数值很可能有改变的空间，它的幂次决定着不同无量纲基本自然常数之间的比值。3.6节还将讨论这个问题。

惠勒的观点也曾融入斯莫林（Lee Smolin）1997年的书《宇宙的生命》中[3.33] 的一个更离奇的建议。斯莫林提出一个很诱人的观点：当黑洞形成时，它们向内坍缩的区域 —— 通过未知的量子引力

效应——经过某种"反弹"转化为向外膨胀的区域，每个区域都孕
育着一个新的膨胀宇宙相。接着，每个新的"婴儿宇宙"膨胀为一个
"成熟的"拥有自己黑洞的宇宙，等等。见图3.12。这个坍缩-膨胀过
程显然大不同于CCC的光滑共形转化（图3.2），它与第二定律的关
系还模糊不清。不过，这个模型有一点好处：它可以从生物学的自然
172 选择原理来研究。而且它也不是没有做出过有意义的统计预言。斯莫
林为这些预言做了有益的尝试，还拿它们与黑洞和中子星的观测统
计做了比较。惠勒的思想在这儿的作用是，无量纲常数只能在每一个
坍缩-膨胀过程中温和地变化，这样就可能将形成新黑洞的倾向"继
承"下来，这就遵从了某种"自然选择"的影响。

图3.12　斯莫林的浪漫宇宙观：新"世代"从黑洞奇点生出来

以拙见看，几乎同样富有想象力的是那些建立在弦理论和弦理论所依赖的额外维基础上的宇宙学建议。据我所知，最早的这种前大爆炸建议是维尼奇亚诺（Gabriele Veneziano）[3.34]提出的。那个模型似乎真与CCC有几个共同的要点（比CCC早了7年），特别是关于共形标度的作用；而且，它也认为，"暴胀时期"可以更好地看作发生于 173 我们的前一个宇宙阶段的指数式膨胀（见3.4节，3.6节）。另一方面，它依赖于弦理论的文化，因而很难与这儿提出的CCC直接联系起来，更不用说我要在3.6节讲的CCC的明确的预言要素。

同样的议论也适合斯坦因哈特（Paul Steinhardt）和图洛克（Neil Turok）最近提出的建议。[3.35]在他们的建议里，从一个世代到下一个世代的过渡是通过"D膜的碰撞"发生的（D膜是通常的4维时空的高维附属空间里的一种结构）。这里，两个世代的界面被认为只出现在几万亿年左右。那时，所有在今天看来通过天体物理过程生成的黑洞仍然存在着。除此之外，因为依赖于从弦理论文化生出的概念，这些建议很难与CCC进行明确的比较。如果他们的纲领能以某种方式重新构建，能以更传统的4维时空为基础，而将额外的空间维结构以某种方式（哪怕是近似的）植入4维的动力学，那理论就更清晰了。

除了上面提到的那些纲领，还有很多尝试用量子引力的思想去实现从前一个坍缩宇宙相到后来的膨胀宇宙相的"反弹"。[3.36]在这些尝试中，大家相信非奇异的量子演化取代了经典理论中出现在极小尺度的奇态。为了实现这一点，很多尝试都用了简化的低维模型，尽管4维时空的意义会因此变得模糊不清。而且，在多数量子演化的尝试中，奇点并不能消除。迄今最成功的非奇异量子反弹的建议是将圈变量方法用于量子引力，阿什特卡（Ashtekar）和伯约瓦尔德（Bojowald）就用这些变量实现了经典宇宙奇点的量子演化。[3.37]

174　　然而，我只能说，本节描述的前大爆炸建议没有一个能深入我们在第一部分说的第二定律引出的基本问题。没有一个具体阐述过大爆炸中压缩引力自由度的问题，这实际上是我们发现的这种特殊形式的第二定律起源的关键，如 2.2 节、2.4 节和 2.6 节强调的。其实，上述多数建议都严格属于 FLRW 模型的范畴，所以它们不会走近那些基本问题。

　　不过，即使 20 世纪初的宇宙学家也肯定知道，只要偏离了 FLRW 的对称，事情就可能迥然不同了。爱因斯坦本人也说过，[3.38] 他希望不规则性的引入也许能避免奇点（与栗弗席兹和卡拉尼科夫后来的工作性质相似；当然，在他们和别林斯基找到误差之前，见 2.4 节）。现在清楚了，根据 1960 年代后期的奇点定理，[3.39] 这个希望不可能在经典广义相对论的框架下实现，这类模型必然会遭遇时空奇点。而且我们看到，当这类不规则性在坍缩阶段出现，而且伴随引力坍缩的巨大熵增（见 2.6 节的图像）而增长时，坍缩相在大挤压时获得的几何 —— 即使只是共形（零锥）几何 —— 也不可能满足后来世代的更光滑的（FLRW 式的）大爆炸。

　　相应地，假如我们坚信前大爆炸相的行为应该遵从第二定律，而且引力自由度开始完全激活，那么必然会发生某种不同于直接反弹的事情，不论经典的还是量子的。我本人解决这个难题的尝试，是我提出 CCC 这个看起来多少有些奇异的观点的主要原因 —— 它涉及了无限的标度变换，允许相邻两个世代的几何能融合起来。不过，更深层的疑难依然存在：这个循环过程如何与第二定律一致？如何满足熵在一个世代接一个世代里持续地增大？这个挑战是本书的核心，我要在下一节认真地面对它。

175

3.4　第二定律的再生

还是让我们回到启动我们整个探索的问题：第二定律是怎么起源的？首先要指出我们将面临一个难题。不管CCC如何，我们似乎都要面对这个难题。问题的根源在于这样的事实：我们宇宙 —— 或者，考虑CCC时，我们这个世代 —— 的熵似乎在巨大地增长着，尽管极早期宇宙和极遥远未来彼此相似到令人不安。当然，它们的相似还说不上真的近乎一样，但从欧几里得几何中普遍运用的"相似"一词的意思来看，它们的确是惊人的"相似"，即两者之间的区别主要在于巨大的尺度变化。而且，任何整体的尺度改变根本说来并不关乎熵的度量 —— 即玻尔兹曼的奇妙公式（见1.3节）所定义的量 —— 因为根据3.1节末尾指出的重要事实，相空间体积在共形标度变换下是不变的。[3.40] 不过，在我们的宇宙里，熵确实通过引力聚集效应而巨大地增长着。我们的难题就是认识这些显然的事实是如何相互协调的。有些物理学家指出，我们宇宙最终达到的极大熵不会来自黑洞的聚集，而是来自宇宙学事件视界的贝肯斯坦－霍金熵。我们在3.5节讨论这种可能性，我将在那儿指出它不会否定本节的讨论。

176

我们更仔细来看看早期宇宙的可能状态，它满足某个适当的条件，能清除大爆炸时的引力自由度，从而我们在早期宇宙看到的引力熵很低。我们需要考虑宇宙暴胀吗？读者会看到，我很怀疑那个假想过程的现实性（2.6节），不过这没关系，在眼下的讨论中，它无关紧要。我们既可以忽略暴胀的可能性，也可以认为（见3.6节）CCC只不过提供了暴胀的一种不同解释，其暴胀相是前一世代的指数式膨胀阶段，甚至我们还可以只考虑紧跟在暴胀停止的那个宇宙"时刻"（大约在10^{-32}秒）的状态。

我在3.1节开头说过，有理由假定这个早期的宇宙态（约10^{-32}秒）由共形不变物理学主导，分布着几乎无质量的物质。不论2.6节托德的建议是否在所有细节正确，如果认为早期宇宙态（其引力自由度实际上被大大压缩了）中，共形延伸能为我们提供一个光滑的仍然由无质量成分（也许主要是光子）构成的非奇异状态，似乎也不会错得太远。我们还需要考虑暗物质的额外自由度，而且也认为它们在早期时刻几乎是无质量的。

在时间尺度的另一端，我们有一个最终会指数式膨胀的德西特式的宇宙（2.5节），主要还是分布着无质量成分（光子）。可能还有其他零散的由稳定的有质量粒子组成的物质，但熵几乎全在于光子。如果假定我们能共形地压缩遥远未来，从而得到一个光滑的宇宙态——与我们从共形延伸大爆炸的邻近态（例如在10^{-32}秒）得到的宇宙态没有什么根本的不同，似乎也不会错得太远（借助3.1节所引的弗里德里希的结果）。如果要说有什么不同的地方，那就是在延伸的大爆炸中可能存在更多被激活的自由度，因为除了也许在暗物质里被激活的自由度外，托德的建议还容许存在非零（但有限）外尔张量 C 的引力自由度，而不是CCC所要求的 $C=0$（见2.6节和3.2节）。

但假如这些自由度真的出现，只会使我们的境遇变得更加严峻，我们将要面对的问题是，极早期宇宙的熵几乎不可能小于（即使不会真的大于）遥远未来的熵，尽管实际上在 10^{-32} 秒和遥远未来之间肯定必然会出现绝对巨大的熵增。

为恰当说明这个难题，需要认识在我们所预期的熵增里，主要的贡献有什么性质，有多大数量。眼下，宇宙熵的主要贡献似乎来自大多数（或所有？）星系中心的巨大黑洞。很难一般地精确估计星系黑洞的大小。就其本性来说，黑洞是看不见的！但我们自己的星系也许是一个相当典型的例子，它包含了一个大约 $4 \times 10^6 M_\odot$（见2.4节）的黑洞；根据贝肯斯坦−霍金熵公式，这个黑洞贡献给我们星系的熵大约是每个重子 10^{21}（这里的"重子"指质子或中子，为简便起见，我假定重子数是守恒的 —— 还没发现这个守恒原理被破坏的证据）。所以，我们拿这个数字作为宇宙当前每个重子的熵的一般的合理估计。[3.41] 如果还记得熵的第二大贡献来自 CMB（每个重子的熵大约不超过 10^9），那么我们会看到，自解耦以来 —— 更不用说 10^{-32} 秒以来 —— 熵经历了多么令人惊奇的增加，而对那巨大熵增起基本作用的正是黑洞的熵。为使这一点更醒目，我可以用更普通的符号把它写出来。CMB 的每个重子的熵大约是 1 000 000 000，而（根据上面的估计）眼下每个重子的熵大约为

178

$$1\ 000\ 000\ 000\ 000\ 000\ 000\ 000$$

这主要来自黑洞。而且，我们可以预期这些黑洞连同宇宙的熵在未来一定会显著地增大，从而这么大的数字也会被未来淹没。于是，我们

的难题等于这样一个问题：这个数字如何才能与本节前面说的那些东西和谐一致？这个黑洞熵最终会发生什么事情？

我们必须努力去明白那个熵最终怎么会看起来缩小了那么多个数量级。为看清那些熵跑哪儿去了，我们回想一下，主导巨大熵增的那些黑洞，在遥远的未来会遭遇什么样的命运。根据2.5节讲的东西，大约 10^{100} 年之后，所有黑洞都不见了，通过霍金辐射过程蒸发了。每一个黑洞大概最终都在"砰然"声中消失。

我们必须记住，黑洞吞噬物质产生的熵增以及黑洞面积（和质量）因为霍金辐射的减小，都完全满足第二定律。不仅如此，这些现象还是第二定律蕴涵的直接结果。一般性地认识这一点，我们不必详细了解霍金1974年关于黑洞（假定形成于遥远过去的某些引力坍缩）温度和熵的原始论证。如果不管贝肯斯坦–霍金熵公式（2.6节）里的精确系数 $8kG\pi^2/ch$，而满足于某种近似，那么我们有理由相信单从贝肯斯坦1972年的原始物理论证[3.42] —— 它完全基于第二定律、量子力学和广义相对论，将它们用于物体形成黑洞的假想实验 —— 得到的黑洞熵的一般形式。这样，只要接受了熵公式，那么根据标准的热力学原理就能得到霍金的黑洞表面温度 T_{BH}[3.43]。对质量为 M 的非旋转黑洞，T_{BH} 为

$$T_{\mathrm{BH}} = \frac{K}{M}$$

[常数 K 实际上由 $K = 1/(4\pi)$ 决定]。这是从无限远处看到的温度。然后，黑洞的辐射率可以通过假定温度在球面均匀扩散来确定 ——

球面半径等于黑洞的史瓦西半径（见2.4节）。

我这儿重复那几点，只是为了强调，黑洞的熵和温度以及这些奇异物理量的霍金辐射过程——尽管有着我们陌生的特征——不管怎么说都是我们宇宙的物理学的一部分，满足我们熟悉的基本原理——特别是第二定律。我们可以预期黑洞拥有的巨大熵，这既因为它们的不可逆特征，也因为这样一个显著的事实：稳定黑洞的结构只需要很少几个参数就能刻画它的状态。[3.44] 因为对应于这些参数的任何一组特殊的数值都一定存在一个体积巨大的相空间，玻尔兹曼公式（1.3节）意味着它有巨大的熵。根据物理学作为整体的一致性，我们有充分理由相信当前关于黑洞角色和行为的一般图像肯定是正确的——只有黑洞最终的"砰然"一响可能还是猜想。不过，也很难想象那时它还会发生别的什么事情。

但我们真的需要相信那一声砰响吗？只要黑洞描述的时空还是经典的（即非量子的）几何，辐射就会继续以极高的速率从黑洞汲取质量/能量，从而使黑洞在有限时间里消失——对质量为 M 且没有更多物质落进的黑洞来说，时间大约是 2×10^{67}（$M/M_\odot$）3 年。[3.45] 但能指望经典时空为我们提供多长时间的可靠图像呢？一般的预期（仅根据量纲的考虑）是，只有当黑洞趋近微小的普朗克尺度 l_p（大约 10^{-35}m，质子经典半径的 10^{-20}）时，我们才会触及某种形式的量子引力。但不管在那个阶段发生什么，剩下的唯一质量可能就相当于普朗克质量 m_p，能量为普朗克能量 E_p，而很难看到它的持续时间会比普朗克时间 t_p 长多少（见3.2节末尾）。有物理学家考虑，终点也许有可能是质量约为 m_p 的稳定残余物，但这会给量子场论带来一些困难。[3.46] 而且，不论黑洞的命运是什么，它的最终存在状态似乎都与黑洞的原始尺寸无关，而只取决于黑洞质量/能量的一个极其微小的部分。关于黑洞的那个微小残余的最终状态，物理学家们好像还没达成一致的观点，[3.47] 但CCC要求的是，有残余质量的东西都不会坚持到永远。所以，从CCC的观点看，"砰响"图像（连同在砰响中产生的任何有质量粒子的最终衰变）是非常可以接受的，而且满足第二定律。

然而，虽然有那么多的一致，黑洞还是有它离奇的地方，例如时空的未来演化——在向未来演化的众多物理现象中似乎是独一无二的——会不可避免地导致内在的时空奇点。尽管奇点是经典广义相对论的结果（2.4节、2.6节），我们也很难相信这个经典的描述会从量子引力的考虑得到多大的修正，除非遇到巨大的时空曲率，时空的曲率半径减小到极端微小的普朗克长度 l_p 的尺度（见3.2节末尾）。特别是，对巨大的星系核黑洞，那个小曲率半径开始显现的地方，其实是经典时空图像里的奇点周围的一个极其微小的区域。经典时空描述中的所谓"奇点"的位置，可以真的看作"量子引力发力"的地方。但实际上这无关紧要，因为没有普遍接受的数学结构能取代连续时空的爱因斯坦结构，所以我们不问进一步发生什么，而只是连接有着野蛮发散的曲率的奇异边界，其作用也许符合BKL式的混沌行为（2.4和2.6节）。

为更好理解奇点在经典图像里扮演的角色，我们最好考察一下图 181 3.13的共形图，它的两个部分分别重新画在图2.38（a）和2.41。这些图作为严格共形图来看，包含了完全的球对称，不论出现什么样的不规则性，它都不太可能继续保留。然而，如果允许我们假定强宇宙监督（见2.5节末尾和2.6节）能一直坚持到黑洞的"砰响",[3.48]那么奇点在本质上将是类空的，图3.13的图像就能定性地作为适当的共形草图，尽管在经典奇点附近的时空几何里存在着极端的不规则性。

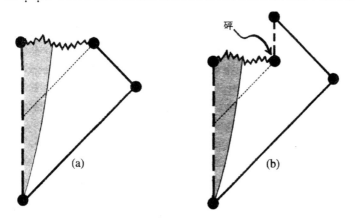

图3.13　不规则共形图（表现黑洞对称），用以说明（a）向黑洞的引力坍缩；（b）坍缩后的霍金蒸发。根据强宇宙监督假设，奇点将保持为类空的

我们预期量子引力效应驱逐经典时空图像的区域，实际上非常接近奇点，那儿的时空曲率开始达到极端，经典时空物理将不再可信。这时候，几乎没有希望站在CCC的"3维界面"所涉及的立场——在那儿，时空可以光滑延伸到奇点，从而实现向"另一边"的某种延拓。实际上，托德的建议就是为了区分在大爆炸遭遇的很"驯服"的奇点 182 和某种可能会在黑洞的奇点出现的东西（也许具有BKL的混沌本性）。虽然斯莫林提出过3.3节描述的刺激性建议（图3.12），但我看量子引力也救不了我们，它不会让我们得到某种形式的"反弹"，让"出来的"时空在任何直接的意义上都镜像地反映"进来的"时空，满足某种根本时间对称的基本物理过程。假如量子引力能救我们，那么生成的就将是某种具有白洞（图2.46）特征的东西或我们在2.6节考虑过

的一团分岔的白洞（对比图3.2）。这种行为当然最不像我们在宇宙中看到并熟悉的那种情形，它也不会具有任何像我们经历的第二定律的东西。

尽管如此，实际发生的却是物理学在那样的区域走到了终结——至少从我们能想象的任何物理演化来说。假如不是那样，那么它会继续形成某种宇宙结构，有着完全不同于我们熟悉的任何结构的特征。不论哪种情形，遭遇奇点区的物质都将从我们知道的宇宙中失去。但它真的丢失了吗？也许它能从图3.13（b）的某个"邪门"溜出去——在那儿，偏离正统时空几何观念的量子引力大概会允许某种正常因果律（2.3节）所禁止的类空传播？即使如此，也很难看到那个信息会在黑洞砰响之前老早就冒出来——假如那样，那么形成巨大黑洞（例如数百万个太阳质量）的那些材料所包含的大量信息，也能在那个时刻左右从那个构成"砰响的"小区域里涌出来。就个人而言，我觉得这是难以置信的。在我看来，更合理的是，所有向着未来时空奇点演化的过程所包含的信息，都会遭到毁灭。

然而，还有一个大家经常争论的不同建议：[3.49] 信息很久以来就已经"泄露"了，藏在所谓的"量子缠绕"里，它可以用来自黑洞的霍金辐射的微妙的相关性来表达。从这个观点看，霍金辐射不完全是"热的"（或"随机的"），但也许永远丢失在奇点的所有信息都以某种方式算在（重复？）洞外了。关于这类设想，我还是充满疑虑。根据那些观点，不管什么信息跑到奇点附近，似乎都必然"重复"或"复制"为外面缠绕的信息，那本身就违背了基本的量子原理。[3.50]

此外，霍金在1974年证明黑洞存在热辐射的原始论证中，[3.51] 明确运用了下面的事实：以试验波形式流进的信息，肯定会分散为逃离黑洞的部分和落进黑洞的部分。落进黑洞的部分会永远地丢失——正是从这个假定我们相信跑出来的信息肯定有热的特征，而且有着一定的温度，即我们现在所称的霍金温度。这个论证依赖于运用图2.38（a）的共形图，这使我清楚地看到，流入的信息实际上分化为落进黑洞和逃向无限远的两部分，而落进洞的部分丢失了——这是我们讨论的基础部分。实际上，霍金本人多年来一直是信息在黑洞丢失的坚强支持者，但2004年在都柏林举行的第17届国际广义相对论与引力论大会上，他宣布他改主意了，公开承认他[和索恩（Kip Thorne）]与普雷斯基尔（John Preskill）的打赌输了。[3.52] 他坦白他以前错了，现在相信信息肯定会在黑洞外重新找回来。不过在我看来，霍金应该坚持他的立场，他原来的观点更接近真相！

不过，霍金修正的观点更符合量子场论专家们所谓的"传统"观点。实际上，物理信息的破坏并没有吸引多数物理学家。人们常说的 184 "黑洞信息疑难"指的是信息可能在黑洞中以那样的方式被破坏。物理学家困惑信息丢失的主要原因是，他们坚信适当的关于黑洞命运的量子引力描述应该能够满足量子理论的一个叫幺正演化的基本原理，那基本上是一种时间对称[3.53] 的确定性的量子系统演化，由基本的薛定谔方程决定。就其本性说，信息不可能在幺正演化过程中丢失，因为它是可逆的。于是，信息丢失作为霍金黑洞蒸发的必要元素，实际上不满足幺正演化。

在这儿我不能深入量子论[3.54] 的细节，不过为了下面的讨论，有必要简单介绍一些基本概念。特定时刻的量子系统是通过量子态或波函数来进行数学描述的，常用希腊字母 ψ 表示。前面说过，如果量子态 ψ 自由演化，它会遵从薛定谔方程，这是一种么正演化，是确定的、基本时间对称的和连续的过程，我用字母 **U** 表示。然而，为了确定某个可观测量 q 在某个时刻 t 可能取得的数值，ψ 将经历迥然不同的数学过程，我们称它为观测或测量。这用一定的作用于 ψ 的算符 O 来描述，它为我们提供一组可能的选择 ψ_1, ψ_2, ψ_3, ψ_4, … 其中每个波函数的参数 q 的可能结果是 q_1, q_2, q_3, q_4, … 这些结果的概率分别是 P_1, P_2, P_3, P_4, … 所有可能状态连同它们相应的概率，都通过确定的数学过程而取决于 O 和 ψ。为了反映物理世界实际发生的过程，每当我们去测量，就会发现 ψ 在给定的可能状态 ψ_1, ψ_2, ψ_3, ψ_4, … 中跳跃，例如 ψ_j，这个选择似乎完全是随机的，但概率由相应的 P_j 给出。以大自然"发现的"特殊选择 ψ_j 取代 ψ，叫量子态的约化或波函数的坍缩，我用字母 **R** 表示。根据这个测量，波函数 ψ 跃迁（到 ψ_j），新的波函数 ψ_j 又继续遵从 **U** 演化，直到进行新的测量，等等。

量子力学特别令人感到陌生的就是这种奇异的混合特征，其中，量子态的行为仿佛在两个迥然不同的数学过程之间摇摆：连续的确定性的 **U** 和不连续的概率式的 **R**。一点儿不奇怪，物理学家对这种情况也不舒服，他们有着这样那样的哲学立场。据（海森堡）说，薛定谔本人说过，"如果这讨厌的量子跳跃真是去不掉的，那么我为曾经深陷量子理论感到遗憾"。[3.55] 其他物理学家虽然欣赏薛定谔发现演化方程的巨大贡献，也赞同他对"量子跳跃"的厌恶，却不同意他的量子演化图景还没完全显现的观点。实际上，大家普遍认为，全部演化图景几乎就包含在 **U** 中，当然还需要对 ψ 的意义进行某种恰当的"解释"——而 **R** 会以某种方式从中涌现出来，也许是因为真正的"态"不仅涉及我们考虑的量子系统，还涉及它的复杂环境，包括测量设施；也许还因为我们 —— 系统的最终观测者 —— 本身也是那个幺正演化状态的一部分。

我不想卷入那些不同的观点或争论，那会把 **U/R** 问题彻底弄乱；我只想说自己的意见，基本站在薛定谔一边，也和爱因斯坦一致。更令人吃惊的是，也许还跟狄拉克一路[3.56] —— 我们今天的量子力学的一般形式，[3.57] 都要归功于他 —— 我抱有的观点是，今天的量子力学是一个临时理论。这个观点根本无视了理论的成果：它做出了那么多被证实了的惊人预言，解释了不同领域的观测现象，而且没有发现反对它的任何观测证据。更具体地说，我的观点是，**R** 现象意味着大自然偏离了严格的幺正演化，当引力的作用变得重要[3.58]（尽管微妙）时，这种偏离就会出现。实际上，我很长时间以来一直认为，黑洞的信息丢失以及由此引起的对 **U** 的破坏，强有力地说明了，对 **U** 演化的严格遵从不可能是（尚未发现的）正确的引力的量子理论的组成部分。

我相信正是这一点抓住了本节开头的那个问题的关键。所以，我要请读者接受黑洞的信息丢失 —— 以及对幺正性的破坏 —— 在我们当下考虑的情形，它不但是合理的，而且是一个必须的事实。我们必须在黑洞蒸发的背景下重新考察玻尔兹曼的熵定义。在奇点的"信息丢失"到底是什么意思呢？更好的说法是*自由度的丢失*。这样，描述相空间的某些参数就消失了，那么相空间就变得比原来更小了。这是在考虑动力学行为时出现的全新现象。根据1.3节描述的通常动力学演化思想，相空间 $\mathcal{P}$ 是固定不变的，动力学演化由固定空间里的动点来描述。但是，当动力学演化在某个阶段涉及自由度丢失时（如我们这里出现的情形），相空间作为演化描述的一部分，其实是要收缩的！在图3.14中，我试着说明如何用低维类比来描述这个过程。

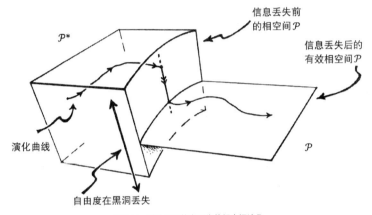

图3.14　遵从黑洞信息丢失的相空间演化

在黑洞蒸发的情形，这是一个非常微妙的过程，我们不要把相空间的收缩想象成某个特殊时刻（如"砰响"时刻）的突发事件，它是"偷偷"发生的。这关系着一个事实：广义相对论中，不存在唯一的"通用时间"，这在黑洞情形有着特殊的意义，因为那儿的时空几何严重偏离了空间均匀性。这一点可以用奥本海默−斯尼德的坍缩图像（2.4节，见图2.24）来很好说明，其最后的霍金蒸发（2.5节，见图2.40和图2.41）我画在图3.15中。在图3.15（a）和它的严格共形图3.15（b）中，我用实线表示一族类空3维曲面（时间为常数的一个片段），丢失在黑洞的所有信息似乎都是在"砰响"的"瞬间"消失的；我用虚线表示不同的一族类空3维曲面，那儿的信息似乎是逐渐消失的，散布在整个黑洞的历史。尽管这些图像针对严格的球对称，但只要强宇宙监督成立，它们还是可以作为一种粗略的表达方式（当然，除了"砰响"本身而外）。

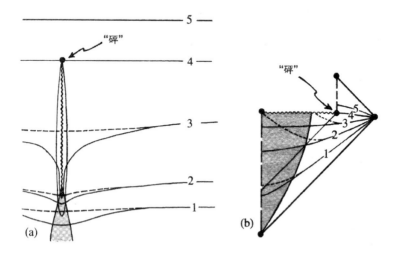

图3.15 霍金蒸发的黑洞：
（a）传统的时空图；
（b）严格共形图。可以认为内在自由度的消失只是"砰响"发生的结果，这个图像由实线表示的时间片段来代表。另外，根据虚线表示的时间片段，自由度的丢失是在整个黑洞历史中逐渐发生的

我们不关心信息丢失究竟发生在什么时刻，这一点强调了信息丢失不影响外在的（热）动力学的事实，我们还可以坚持第二定律正常运行（熵持续增大）的观点——但我们必须小心认识"熵"的概念在我们这儿指的是什么。这里熵指的是所有自由度，包括落进黑洞的所有物质的自由度。然而，落进去的自由度迟早会遭遇奇点，因而根据上面的考虑，终将从系统消失。等到黑洞在砰响中消失时，我们必须大大地压缩相空间的尺度——就像一个国家遭遇货币贬值那样——从而整个相空间的体积将比从前小得多，尽管在远离那个黑洞的地方，局域的物理学感觉不到"贬值"的影响。因为玻尔兹曼公式里的对数，[188]

相空间体积的减小只是相对于从我们考虑的黑洞外的宇宙的全部熵里减去一个大常数。

　　我们可以同1.3节末尾的讨论比较。那儿指出，玻尔兹曼公式的对数使独立系统的熵具有可加性。在刚才的讨论中，被黑洞吞噬并最终毁灭的自由度就扮演着1.3节考虑的系统的外部角色。在那儿，参数确定了实验室外银河系外的相空间 $\mathcal{X}$，而在这里，我们针对的是黑洞，如图3.16。我们现在所说的黑洞外的世界——我们可以想象在它那儿做实验——在1.3节的讨论中（图1.9），对应于系统的内部，界定相空间 $\mathcal{P}$。正如1.3节的银河系自由度的消失（如有些被星系中心的黑洞吞噬了）不会给我们实验考虑的熵带来影响，整个宇宙中黑洞信息的毁灭——最终表现为一个个黑洞在砰响中消失——也不会给第二定律带来实质性的破坏，这正符合我们在本节开头所强调的！

189

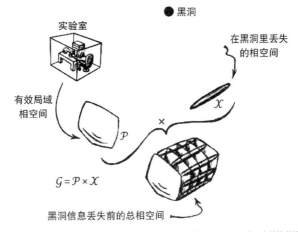

图3.16　黑洞的信息丢失不影响相空间（比较图1.9），尽管它会影响丢失前的总熵

　　不过，宇宙作为一个整体的相空间体积会因信息丢失而大为减

小，[3.59] 这基本上正是我们为了解决本节开头的难题所需要的。这是一个微妙的问题，相空间体积的减小还存在很多具体的一致性问题需要解决，才能满足CCC的要求。一般说来，这种一致性似乎并不是没有道理，因为我们当下这个世代的总体的熵增将贯穿它的整个历史，因而也将贯穿黑洞的形成（和蒸发）。尽管我还没完全看清楚该如何去计算（不论什么精度），但我猜想，我们可以估计最大黑洞可能达到的贝肯斯坦-霍金熵（只要它不在霍金辐射中丢失），并且将这个总熵作为可能相空间为开启下一个世代所需要的减小量。显然，为了明确CCC在这个方面是否可行，我们还有很多问题需要更详细的研 190 究。但我没看出CCC与这些讨论有什么矛盾的地方。

3.5　CCC与量子引力

191

CCC纲领为我们多年以来在宇宙学中遇到的各种有趣的问题——也包括第二定律——提供了不同的概观。一个特别的问题是：我们将如何看经典广义相对论形成的奇点？量子力学又如何进入这个图像？我们发现，CCC不仅对大爆炸奇点的性质有特别的认识，也关乎我们的未来会发生什么——当我们把所知的物理学尽可能远地向未来推进时，显然它要么不可挽回地终结于黑洞的奇点，要么继续向着无限的未来延伸，根据CCC的图景在新世代的大爆炸中重生。

本节开始，我们再来考察一下遥远未来的情形，然后提出我在前一节丢下的问题。在3.4节里，我说熵在遥远未来的增加时曾经指出，根据CCC，熵增过程主要来自巨大黑洞（及其融合）的信息，然后，当CMB冷却到黑洞的霍金温度以下时，它们最终会通过霍金辐射蒸

192 发。不过，我们也看到，CCC要求初始相空间粗粒化区域（1.3节和
3.4节）必须与最终的相空间契合，尽管熵有巨大的增加，这个要求
也是可以满足的，只要我们接受发生在黑洞内的巨大的"信息丢失"
（霍金原先也那么想，可后来放弃了）。这样，相空间的自由度会因
为黑洞的吞噬和毁灭而大损，从而相空间的尺度也就大大地"缩小"。
一旦黑洞都蒸发尽了，我们就会看到熵的度量必须重新清零，这是因
为自由度丢失太多，相当于从熵的数值减去一个很大的数字，从而后
续的新世代的大爆炸中所容许的状态会受到巨大的限制，从而满足
"外尔曲率假设"，这就为新世代的引力聚集提供了潜在的可能。

　　然而，至少在很多宇宙学家看来，上面的讨论还有一个部分被我
忽略了，它确实与我们的核心问题有一定的关系（见3.4节第一段最
后）。那就是宇宙学事件视界在 $\Lambda > 0$ 时的存在所引发的"宇宙学熵"
的问题。在图2.42（a）（b）中，我说明了宇宙学事件视界的概念，它
的出现是因为在正宇宙学常数 Λ 下会形成类空未来共形边界 $\mathscr{I}^+$。回
想一下，宇宙学事件视界是2.5节的"正常"观测者 O 的最后终点 o^+
（在 $\mathscr{I}^+$ 上）的过去光锥，见图3.17。如果认为这个事件视界应该像黑
洞事件视界那样对待，那么同样的贝肯斯坦-霍金黑洞熵公式
（ $S_{\mathrm{BH}} = A/4$；见2.6节）也可以用于宇宙学事件视界。这给我们带来一
个最终"熵"值（普朗克单位下）：

$$S_\Lambda = A_\Lambda/4$$

其中 A_Λ 是遥远未来极限视界的空间截面面积。实际上，我们发现
（见附录B5）这个面积在普朗克单位下等于

$$A_\Lambda = 12\pi/\Lambda$$

于是设想的熵值为

$$S_\Lambda = 3\pi/\Lambda$$

它只依赖于 Λ 的值，而与宇宙实际发生什么的细节无关（我这儿假定 Λ 就是一个宇宙学的常数）。结合这一点，如果接受上面的类比，那么我们预期还存在一个温度，[3.60] 它应该是

$$T_\Lambda = \frac{1}{2\pi}\sqrt{\frac{\Lambda}{3}}$$

根据 Λ 的观测值，这个温度 T_Λ 将有一个小得难以置信的数值 —— 10^{-30}K，而熵有一个巨大的数值 —— 3×10^{122}。

　　应该指出，这个熵值远远超过了我们预期的在当前宇宙中观测到的黑洞形成和最后蒸发所能达到的数值，那个值几乎不可能大于 10^{115}。那些黑洞都将在我们当前的粒子视界的区域内（2.5节）。但我们要问，熵 S_Λ 属于宇宙的什么区域呢？人们的第一反应可能是，它应该是整个宇宙的最终熵，因为它只是一个数，完全取决于宇宙学常数 Λ 的值，既独立于宇宙内部发生的具体事件，也独立于外面的观测者 —— 他为我们提供一个特殊的处于 $\mathscr{I}^+$ 的未来终点 o^+。然而，这个观点是无效的，特别因为宇宙可能是空间无限的，其中有无限多个黑洞。在那样的情形，宇宙当下的熵可以很容易超过 S_Λ，这就与第二定律冲突了。S_Λ 的更恰当解释也许是，它是我们被某个宇宙学事件

视界（$\mathscr{I}^+$上的某个任意选定的点o^+的过去光锥）包围的那部分宇宙的最终熵。包含在这个熵里的物质就是处于o^+的粒子视界内的那部分东西（见图3.17）。

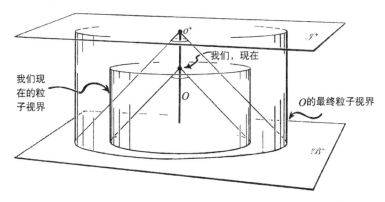

　　　　　　图3.17　在我们宇宙/世代的当前图景中，我们现在的粒子视界的半径大约是我们预期的最终粒子视界的2/3

我们将在3.6节看到，根据标准宇宙学预言的演化，[3.61]在到达o^+时，它的粒子视界内的宇宙将比我们当下的粒子视界内的物质大约多（3/2）$^3 \approx 3.4$倍，所以，假如那些物质都聚集在一个黑洞里，我们就会得到比10^{124}多（3/2）$^6 \approx 11.4$倍的熵，这儿的10^{124}在2.6节是作为我们可观测宇宙的所有物质所能达到的熵的上限。于是我们可能得到一个熵约为10^{125}的黑洞。如果在具有我们的观测值Λ的宇宙中，原则上可以达到那个熵，那么我们就完全背离了第二定律（因为$10^{125} \gg 3 \times 10^{122}$）。然而，如果我们接受上面的$T_\Lambda$值作为宇宙（对观测值$\Lambda$）的不可约环境温度，那么大的黑洞就不可能被霍金辐射蒸发干净。这又引出一个问题：因为我们可以选择o^+是$\mathscr{I}^+$在那个巨无霸黑洞外的点，不过它的过去光锥总会遇到那个黑洞（就像我们认为外面的过去光锥可能遇到黑洞一样），那么它的熵似乎也该包括在内——见

图3.18，这样我们就又跟第二定律发生巨大冲突了。

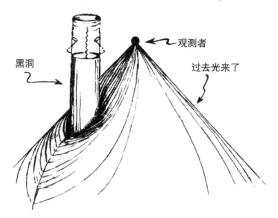

图3.18　任意观测者（不论是否在$\mathscr{I}^+$上）的过去光锥"遇到"一个黑洞，并将它吞噬，而不是与它的视界相交

　　另外，我们还有一点余地，可以认为这一切物质 —— 大约10^{81}个重子（我们当下可观测宇宙的重子数10^{80}的3.4倍，多出的3倍多是因为有那么多的暗物质）——可以分隔到100个分离的区域，每个区域的质量为10^{79}个质子。假如每个区域形成一个黑洞，它的温度将一直低于T_Λ，会在熵达到大约10^{119}时蒸发。对100个那样的区域，我们的总熵为10^{121}，大于3×10^{120}，还是背离了第二定律，但偏离不像刚才那么远。这些数字也许太粗，得不出确定的结论。但在我看来，它们提供了一定的初始证据，警告我们要小心S_Λ为实际熵而T_Λ为实际温度的物理解释。

　　我对S_Λ代表任何情形下的真实的熵是抱怀疑倾向的，原因至少有两点。首先，如果Λ真是常数，则S_Λ也是固定的数，那么Λ就不会生出任何实际可以识别的自由度。相关的相空间就不会因为Λ的存在

而大于没有 Λ 的情形。从 CCC 的观点看，这一点是十分清楚的，因为
当我们要前一世代的 $\mathscr{I}^+$ 的自由度契合后继世代的 $\mathscr{B}^-$ 的自由度时，
我们会看到它绝不容许存在大数量的假想可辨自由度，因而也就不会
生成巨大宇宙学熵。而且，我清楚地看到，即使我们不假设 CCC，这
个论证也是适用的，因为我们在 3.4 节开始说过，在共形标度改变的
情况下，相空间的体积度量是不变的。[3.62]

　　然而，我们必须考虑这样一种可能："Λ"并不真是一个常数，而
是某种奇异的物质 —— 就像有些宇宙学家喜欢的，它可能是一个
"暗能量标量场"。那么，我们可以考虑巨大的熵 S_Λ 来自这个 Λ-场的
自由度。就个人而言，我很不欣赏这种建议，因为它会引出很多比它
所回答的问题更难的问题。如果一定要把 Λ 看作一种变化的场，与诸
如电磁场的其他场一样，那么我们就不会称 Λ**g** 只是爱因斯坦场方程

$$\mathbf{E} = 8\pi\mathbf{T} + \Lambda\mathbf{g}$$

里的一个独立的"Λ-项"（普朗克单位，方程见 2.6 节末尾），而会说
爱因斯坦场方程没有那样的"Λ-项"，而且还认为 Λ-场具有能量张
量 $\mathbf{T}(\Lambda)$，它（乘以 8π 后）近似等于 Λ**g**：

$$8\pi\mathbf{T}(\Lambda) \approx \Lambda\mathbf{g}$$

我们现在将它看作对总能量张量的一份贡献，因而总量变成 $\mathbf{T}+\mathbf{T}(\Lambda)$，
那么爱因斯坦方程可以写成没有 Λ-项的形式

$$E = 8\pi\left[\mathbf{T} + \mathbf{T}(\Lambda)\right]$$

但对（$8\pi\times$）一个能量张量来说，$\Lambda\mathbf{g}$是一个很奇怪的形式，与其他任何场都不一样。例如，我们认为能量在根本上同质量是一样的（爱因斯坦的 $E = mc^2$），所以它对其他物质具有吸引力的作用，而这个"Λ-场"虽然能量是正的，却会对其他物质有排斥效应。在我看来，更严峻的是，只要允许Λ-场以某种严格的方式变化，那么2.4节 [197] 所说的弱能量条件（精确的$\Lambda\mathbf{g}$项只是勉强满足）几乎肯定会被彻底破坏。

在我个人看来，反对将 $S_\Lambda = 3\pi/\Lambda$ 作为真实客观的熵还有一个更基本的理由，那就是，与黑洞的情形相反，我们没有理由认定奇点的绝对信息丢失。人们倾向于认为，对观测者而言，信息在经过他的事件视界时确实"丢失了"。但这只是一个依赖于观测者的概念；假如用图3.19那样的系列类空曲面，我们会看到，相对于和宇宙学熵关联

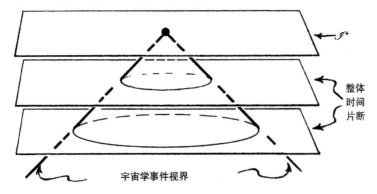

宇宙学事件视界

整体
时间
片断

$\mathcal{I}^+$

图3.19　从这一族包容整个宇宙的整体时间截面可以看到，对宇宙学事件视界来说，不存在信息丢失（不同于黑洞情形）　[198]

的整个宇宙来说，没有什么会真的"丢失"，因为不存在时空奇点（除了已经在单个黑洞里存在的而外）。[3.63] 另外，我不知道对熵 S_Λ 的合理性有什么清晰的物理学论证，就像本节前面提到的贝肯斯坦的黑洞熵的论证一样。[3.64]

也许，在宇宙学"温度"T_Λ 的情形能更清楚说明我的困难，因为那个温度强烈依赖于观测者的立场。在黑洞情形，霍金温度是通过所谓"表面引力"呈现的，那个引力与邻近黑洞的静态构形里的观测者感觉的加速效应有关。这里的"静态"指观测者与固定在无限远处的静止参照系之间的关系。另一方面，假如观测者自由落进黑洞，那我们就感觉不到局域的霍金温度。[3.65] 于是，霍金温度具有这种主观的一面，因而可以认为是昂鲁（Unruh）效应的一个例子，就连在平直闵可夫斯基空间𝕄中飞快加速的观测者也能感觉到。同样的道理，如果考虑德西特空间𝔻的宇宙学温度，那么我们可以预期，能感觉那个温度的将是加速的观测者，而不是自由下落（即沿测地线运动，见2.3节末尾）的观测者。在德西特背景下自由运动的观测者在那个意义上是非加速的，因而应该不会感觉到那个温度 T_Λ。

宇宙学熵的主要论证似乎就是一个精妙却纯形式的基于解析延拓的数学过程（3.3节）。这个数学当然诱人，但它与我们的问题有一般性的关联吗？可能没有，因为从技术上说，它只适用于完全对称的时空（如德西特空间𝔻）。[3.66] 这里还存在观测者的加速状态的主观因素，原因在于𝔻具有很多不同的对称，对应着观测者加速的不同状态。

如果我们在闵氏空间 $\mathbb{D}$ 更仔细地考察昂鲁效应，这个问题就更突出了。在图3.20中，我画出了一族均匀加速的观测者——称为林德

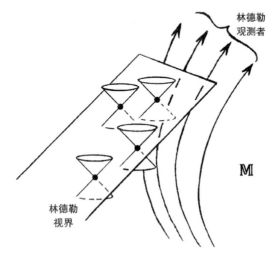

图3.20 林德勒（均匀加速）观测者能感觉昂鲁温度

勒（Rindler）观测者[3.67]——根据昂鲁效应，他们会感觉到温度（对任何可能的加速度来说，那个温度都极端微小），尽管他们在完全的真空里运动。这是从量子场论的考虑得到的结果。与这个温度关联的那些观测者的未来视界 $\mathcal{H}_0$ 也在图中画出了，为了与温度和贝肯斯坦–霍金的黑洞讨论一致，我们还可以认为存在一个与 $\mathcal{H}_0$ 相关联的熵。实际上，如果我们想象在邻近巨大黑洞视界的一个小区域内发生什么，那情形就可以用图3.21来近似模拟，其中 $\mathcal{H}_0$ 在局部上与黑洞视界重合，而林德勒观测者这时真的成了前面考虑的"邻近黑洞的静态构形里的观测者"。这些观测者也是"感觉"局域霍金温度的人，而直接自由落进黑洞的观测者，相当于 $\mathbb{M}$ 中的惯性（非加速）观测者，感觉不到那个局域温度。然而，如果我们将 $\mathbb{M}$ 中的这个图景外推到无

限远，那么与$\mathcal{H}_0$关联的整个熵必然是无限大的，这说明黑洞熵和温度的全部讨论实际上还涉及一些非局域的考虑。

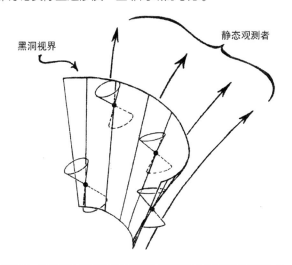

图3.21 邻近黑洞的稳定构形里的观测者可以感到强大的加速和霍金温度。这个情景在局部上类似图3.20

正如前面考虑的，$\Lambda > 0$时生成的宇宙学视界$\mathcal{H}_\Lambda$与林德勒视界$\mathcal{H}_0$有着很强的相似性。[3.68] 实际上，如果取极限$\Lambda \to 0$，我们会看到$\mathcal{H}_\Lambda$就变成了林德勒视界 —— 不过是整体性的。这与导致$S_0 = \infty$的熵公式$S_\Lambda = 3\pi/\Lambda$是一致的，但它也令我们疑虑如何为这个熵赋予客观实在性，因为这个无限大的熵在闵氏空间$\mathbb{M}$中几乎没有客观意义。[3.69]

我相信，我们在这儿应该更详细地提出这些问题，因为给真空赋予温度和熵是量子引力的问题，与"真空能"的概念有着深刻的联系。据我们当前对量子场论的认识，真空并不是完全失去活动的东西，它洋溢着极小尺度的沸腾和喧嚣的过程，所谓的虚粒子和它们的反粒子就在"真空涨落"里瞬息间出现和消失。我们预期，这种在普朗克尺度 l_p 的真空涨落应该是引力过程主导的，而为了获得真空能所需要的计算远远超出了我们眼下的数学运算能力。不过，一般的对称性论证（满足相对论要求）告诉我们，真空能的一个很好的总体描述应该是如下形式的能量张量 $\mathbf{T}_v$（对某个 λ）： [201]

$$\mathbf{T}_v = \lambda \mathbf{g}$$

这就像我们前面看到的宇宙学常数提供的能量项 $\mathbf{T}(\Lambda)$，所以人们常说，宇宙学常数的一个自然解释是，它就是真空能，其中

$$\lambda = \Lambda / (8\pi)$$

这个观点容易把与巨大的宇宙熵 S_Λ 相关的"自由度"当作"真空涨落"的东西。这些自由度不是我前面说的那种"可识别的"自由度，因为，假如它们的总和趋于相空间体积，它们就会在整个时空均匀分布，这样就仅仅形成一个背景，而发生在时空里的寻常物理学活动似乎对它没有任何贡献。

更严峻的也许是，这个解释似乎还有一点疑惑：为了获得实际的 λ 值，我们的计算结果是

$$\lambda = \infty \text{ 或 } \lambda = 0 \text{ 或 } \lambda \approx t_p^{-2}$$

t_p 是普朗克时间（见3.2节）。第一个答案最老实（也是直接应用量子

场论法则可能得到的普通结论！），但也是最荒唐的。第二和第三个答案几乎就是在猜测，当我们运用了这样或那样的"清除无限大"的标准过程 —— 在非量子引力环境下，以恰当技巧运用这些过程，通常会得到非常精确的结果 —— 之后，应该出现什么样的结果呢？答案λ=0好像是最好的，只要我们相信Λ=0满足观测事实。但是因为 2.1 节所说的超新星观测表明很可能Λ>0，而后来的观测支持这个结论，所以非零λ值又成为大家最能接受的。如果宇宙学常数在引力的"量子涨落"意义下确实是真空能，那么唯一可能的尺度就是普朗克尺度，正因为这个，t_p（或等价的 l_p）或它的某个合理的小倍数，似乎应该为λ提供需要的尺度。从量纲考虑，λ应该是距离平方的倒数，因而我们预期大致有 $\lambda \approx t_p^{-2}$。然而，我们在 2.1 节看到，Λ的观测值更像是

$$\Lambda \approx 10^{-120}\, t_p^{-2}$$

所以，要么是解释（$\lambda \approx \Lambda/8\pi$），要么是计算，总有一个地方出了大错！

　　我们对这些问题的理解还没到毫无争议的地步，因而有必要看看 CCC 怎么说。S_Λ 和 T_Λ 的物理势态不会严重影响 CCC，因为即使要把熵 S_Λ 和温度 T_Λ 看作"真正的"物理学量，也不需要改变 CCC 呈现的图像。我们预期，在我们认识的宇宙中可能出现的黑洞，没有一个可以达到 T_Λ 会严重影响其演化的尺度。至于 S_Λ，它看来真的无助于解决 3.4 节的难题，因为那儿的问题牵涉到可辨的自由度（即联系着真实动力学过程的自由度），而且，单凭引入一个具有定值 $3\pi/\Lambda$ 的"熵"

确实改变不了任何事情。我们完全可以忽略它，因为它在动力学中没有作用。即使认为它是"真的"，似乎也不对应于任何物理的可辨自由度。不论哪种情形，我的立场是忽略 S_Λ 和 T_Λ，甩开它们朝前走。

另一方面，CCC纲领为认识量子引力如何影响经典时空奇点提供了一个清晰但非传统的观点。经典广义相对论中时空奇点的必然性（2.4节，2.6节，3.3节）引领物理学家转向某个形式的量子引力，为的是认识可能在奇点附近出现的异常巨大的时空曲率会带来什么物理结果。但是，关于量子引力如何改变这些经典奇点区域，几乎没有一致的认识。实际上，关于"量子引力"应该是什么，我们在任何情形下都几乎没有什么共识。

203

不过，理论家们学会了一个观点，即只要时空曲率半径比普朗克长度 l_p（3.2节）大得多，我们就可以维持一个合理的时空的"经典"图像，也许只需要对标准的经典广义相对论方程做微小的"量子引力"修正。可是，当时空曲率极端巨大时，曲率半径会小到 l_p 尺度（大约比质子的经典半径小20个数量级）以下，那么，我们就连空间的光滑连续的标准图像也不得不彻底抛弃了，而只得用一个迥然不同于我们熟悉的光滑时空图像的东西来代替。

另外，正如惠勒等人强力论证的，即使是我们经历的那个普通的近似平直的时空，如果在微小的普朗克尺度下进行考察，也会发现它无序的混沌特征，或离散的颗粒化特征 —— 或其他什么需要用我们陌生的结构才能更好描述的特征。惠勒提出一个量子效应的例子：引力使时空在普朗克尺度卷曲，形成他认为的某种"虫洞"的"量子泡

沫 " 的复杂拓扑结构。[3.70] 其他人则提出，可能呈现某种离散的
结构（如缠绕打结的 " 圈 "、[3.71] 自旋泡沫、[3.72] 类晶格结构、[3.73] 因果
集、[3.74] 多面体结构[3.75] 等等[3.76]）；或者，基于量子力学概念的某
个数学结构，即我们常说的 " 非交换几何 "，[3.77] 可能进入角色；或者，
也许更高维几何将发生作用，牵涉某些类似弦或膜的东西；[3.78] 或者，
甚至时空本身都可能彻底消失，我们通常的宏观的时空图景不过是一
个从不同的更基本几何结构（如 " 马赫 " 理论[3.79] 和 " 扭量 " 理论[3.80]
的情形）派生出来的可用概念而已。从这些五花八门的建议可以
看到，普朗克尺度下的 " 时空 " 究竟会发生什么，我们还没有一致
的认识。

　　不过，根据 CCC，我们在大爆炸时发现了和那些狂野或革命的建
议截然不同的东西。我们得到一幅更保守的图像，它有一个完全光滑
204 的时空，与爱因斯坦时空的差别仅在于没有共形标度，而且，它的时
间演化可以用传统数学步骤来处理。另一方面，在 CCC 中，出现在黑
洞深处的奇点有着异于大爆炸奇点的那类结构 —— 在黑洞奇点的情
形，我们不得不考虑某些奇异的破坏信息的物理，它可能确实需要包
含与我们今天的物理学截然不同的量子引力思想，而且，它也可能必
须包含上面提到的某些狂野或革命的思想。

　　多年来，我一直认为这两个不同的时间端点有着非常鲜明的特点。
这符合第二定律 —— 从某种意义说，引力自由度在初始端点被极大
地压缩了，而在终结端点却不会。为什么量子引力会以那么不同的方
式来处理这两种不同时空奇点的发生呢？这一点我总是感到非常非
常疑惑。不过我也曾根据时下流行的观点想象，决定这个与两类奇异

时空几何都近似的几何结构的，应该是某种形式的量子引力。然而，与普通观点不同的是，我坚持认为，根据我在3.4节末尾讨论的目标，真正的"量子引力"必须是一个时间非常不对称的纲领，包含各种需要的对当下量子力学法则的修正。

在转向CCC的观点之前，我没料到的是，应该把大爆炸作为一个基本上是经典演化的一部分，其中确定性的微分方程（像标准广义相对论方程那样的）决定着演化行为。问题是，CCC如何可以避免以下的结论：巨大的时空曲率 —— 半径在邻近大爆炸时小到普朗克尺度 l_p 的水平以下 —— 应该意味着量子引力登场了，所有的混沌都来了。CCC的回答是，有一个曲率，还有一个曲率 —— 或者更准确说，有一个外尔曲率 C，还有一个爱因斯坦曲率 E（后者等价于里奇曲率，见2.6节和附录A）。CCC观点赞同曲率半径趋于普朗克尺度时，量子引力（不管它是什么）的疯狂必然开始起主导作用，但这儿的曲率 205 应该是共形曲率 C 所描述的外尔曲率。于是，爱因斯坦张量 E 蕴涵的曲率半径可以变得任意小，而时空几何仍将基本上保持为经典的和光滑的，只要外尔曲率半径在普朗克尺度上是大的（图3.22）。

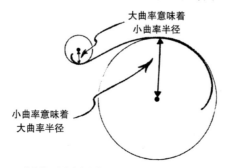

大曲率意味着
小曲率半径

小曲率意味着
大曲率半径

图3.22 曲率常用"曲率半径"来描述，它是曲率度量的倒数。曲率小时，半径大；曲率大时，半径小。一般认为量子引力在时空曲率半径小到普朗克长度时才会变得起主导作用

在CCC中，我们发现大爆炸时 $C = 0$（因而外尔曲率半径为无限大），所以我们有理由认为经典考虑能基本满足需要。于是，每个世代的大爆炸的具体性质就完全决定于前一个世代的遥远未来，这将导致可观测的结果（有些在3.6节考虑）。这里，经典方程将前一个世代的遥远未来的无质量场延拓到下一个世代的大爆炸。另一方面，时下关于极早期宇宙的标准方法假定量子引力才能决定大爆炸时刻的行为。根本说来，这是暴胀宇宙学的方法（尽管用"暴胀场"的概念）——暴胀宇宙学就用它来决定CMB温度的微小偏离（大约10万分之几）是怎么从初始的"量子涨落"生成的。然而，我们将在下一节看到，CCC提出的观点与它完全不同。

206 ## 3.6 观测的意义

我现在要谈的问题是，我们是否能找到任何具体的证据来证明或否定CCC的有效性。也许大家以为，任何有关存在于我们**大爆炸**之前的假想"世代"的证据都必然超出任何观测能力，因为大爆炸生成的绝对高温会销毁一切信息，从而将我们与那假想前世的活动分隔开来。不过我们应该记住，大爆炸里一定会出现一个极端的组织，表现为第二定律的直接结果，而我们本书的论证表明，这个"组织"具有容许我们的大爆炸向以前世代共形延伸的特征，而那延伸由非常具体的确定性演化所决定。于是，我们可以希望，也许在一定意义上我们真的能"看到"从前的世代！

我们必须问自己，之前的那个世代的遥远未来，有哪些特别的特征是我们能够看到的？如果CCC是对的，那么可以确定一点，即我们自己世代的整体空间几何必须契合前一个世代。假如前一个世代是空间有限的，那么我们自己的世代也应该如此。假如前一个世代在大尺度上服从欧几里得3维空间几何（$K=0$），那么它也一定适合我们的世代。假如它有一个双曲型的空间几何（$K<0$），那么我们的世代也是双曲的。之所以如此，是因为空间几何在总体上取决于3维界面，即它所界定的两个世代的共有3维曲面。当然，这没有提出什么有观测价值的新东西，因为我们没有独立的关于前一世代的整个空间几何的信息。 [207]

然而，在略小的尺度上，物质分布可能会根据一些也许复杂 —— 但原则上可以理解 —— 的动力学过程，在每个世代中重新调整自己。这些物质分布的最终行为表现为无质量辐射的形式（根据3.2节CCC的要求），因而会在3维界面留下印迹，然后显现为CMB的一些微妙然而也许可以判读的不规则性。我们的任务就是要判断在前一世代的历史中，这方面的什么过程是最重要的，而且还要解读藏在CMB中的微弱不规则信号。

为解释这类信号，需要很好理解可能导致它们的现象。为此，我们要认真考察前一世代的动力学过程，还要弄清事物如何从一个世代传到下一个世代。然而，为了给前一世代的本性确定一个清晰而合理的结论，我们也许需要假定它（一般说来）在本质上就像我们的世代。于是可以认为，前一世代的表现几乎跟我们看到的发生在我们宇宙周围的事情一样，而且沿着我们预期的一般方式向未来演化。

最显著的是，我们可以预期在前一世代的遥远未来存在指数式的膨胀，这里我们假定了正宇宙学常数主导着那个世代在遥远未来的行为，正如我们世代的情形一样（只要认为 Λ 是常数）。前一世代的指数式膨胀与人们喜欢的宇宙极早期图景中的暴胀相有着诱人的相似性，尽管时下的传统图景的指数膨胀发生在我们自己的世代，在
208 紧跟大爆炸之后的 10^{-36} 到 10^{-32} 秒之间（见2.1节和2.6节）。另一方面，CCC 却把那个"暴胀相"放在大爆炸之前，将它等同于前一世代的遥远未来的指数式膨胀。实际上，正如3.3节说的，维尼奇亚诺在1998年提出过具有这种性质的思想，[3.81] 尽管他的纲领强烈依赖于弦理论的概念。

这个一般性思想的一个重要方面在于，我们也可以用具备这种性质的前大爆炸理论，去解释从 CBM 温度的微弱变化中判读的两个证据——它们似乎为暴胀宇宙学当前的标准图像提供了关键的支持。其中一个是，CMB 的温度变化在不同角度的天区（实际上达到了60°）存在着相关性。假如我们认为大爆炸生来没有相关性，那么这就与弗里德曼或托尔曼形式的标准宇宙学矛盾了（见2.1节和3.3节）。图3.23的共形草图描述了这个矛盾。我们从图中看到，最后散射曲面 $\mathscr{D}$（解耦的，见2.2节）距离大爆炸3维曲面 $\mathscr{B}^-$ 太近了。于是，从我们现在的视点来看，本来有着因果关联的事件在天空中的分离就不会超过2°。这意味着所有那样的关联都是在大爆炸以后发生的过程中产生的，而 $\mathscr{B}^-$ 的不同点实际上是毫无关联的。暴胀则能实现那些关联，因为"暴胀相"增大了共形图中 $\mathscr{B}^-$ 与 $\mathscr{D}$ 之间的分离[3.82]，因而从我们的视点可以看到更大角度的天区进入因果关联；见图3.24。

另一个强力支持暴胀的关键观测证据是，引起 CMB 温度涨落的初始密度涨落，在非常大的范围内表现为标度不变的。暴胀宇宙学的

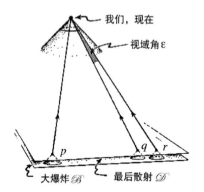

我们，现在

视域角 ε

p

q　r

大爆炸 $\mathscr{B}$　　最后散射 $\mathscr{D}$

图 3.23　标准（前暴胀）宇宙学可能意味着 CMB 天空中分隔超过 ε= 2°的点不
会相互关联（因为 q 和 r 的过去光锥不会相交），而这种关联在 60°都能看到，如图
中点 p 和 r

解释是，在紧跟**大爆炸**之后，存在初始的完全随机的不规则性——
具有"暴胀场"的初始的微小量子涨落的性质——接着，暴胀的指数
膨胀起主导作用，将这些不规则性扩张到巨大的范围，最终表现为我
们实际看到的物质（主要是暗物质）分布的密度不规则性。[3.83] 这时
候，指数膨胀是一个自相似过程，所以我们可以想象，假如初始涨落
在时空的分布存在随机性，那么指数过程对这些涨落的作用应该是具
有一定标度不变性的分布。实际上，早在暴胀纲领提出之前，哈里森
（E. R. Harrison）和泽尔多维齐（Y. B. Zel'dovich）就在 1970 年提出，[210]
我们在宇宙物质的早期分布中看到的均匀性偏离可以通过假定初始
涨落的标度不变性来解释。不仅是暴胀为这种假设提供了根据，后来
的 CMB 观测的分析也证实了标度不变性在远大于过去的范围内成立，
这就为暴胀思想准备了强有力的支持，特别是因为很难看到其他类型
的解释能为这种观测的标度不变性提供理论基础。

　　实际上，如果谁想拒绝暴胀图像，就需要找到某个新的解释，既

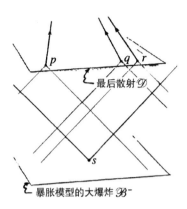

图3.24　暴胀的效应之一是增大 $\mathscr{B}^-$ 与 $\mathscr{D}$ 之间的分离, 因而出现图3.23中的
关联性

要说明标度不变性, 还要说明初始密度不规则性在视界尺度之外的相
关性。在CCC中（如同在更早的维尼奇亚诺纲领中）, 对这两点的处
理方法是, 将紧随大爆炸出现的暴胀相替换为大爆炸之前的一个膨胀
期, 这在前面讨论过了。因为我们仍然有一个和暴胀一样的自相似的
膨胀宇宙阶段, 所以我们预期它也能产生具有标度不变性的密度涨落。
而且, 弗里德曼或托尔曼模型的视界尺度外的关联也能出现, 只是现
在的关联是通过发生在我们前一世代的事件来确定的。见图3.25。

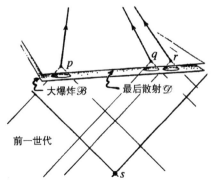

　　　图3.25　在CCC中, 图3.23所要求的相关性可以从前一个世代的过程产生出来

　　为了从CCC更具体说明那些事件可能像什么，我们必须明白前一世代可能会发生什么最相关的事情。在进入细节之前，我们还有一个特别巨大的问号需要回答。3.3节讲过，有一种可能我们必须认真考虑——即惠勒建议的：基本自然常数在前一世代的值可能并不精确等于在我们世代的值。最明显（也最简单）的可能是，我们世代的大数 N（参见3.2节末尾）大约为 $N \approx 10^{20}$，在前一世代也许有别的数值。当然，这个问题有两个方面。如果能假定 N 那样的基本常数在前一世代也有和我们世代一样的值，或者观测对这些值的（合理）改变不敏感，那么生命肯定更加容易。但是，另一方面，如果数值的改变可能有明显不同的效应，那么我们就有一种潜在的令人激动的可能：实际地确定那样的数是不是真正的基本常数（本质上可以通过数学来计算），或者它是不是真的从一个世代变到另一个世代——也许以某种特殊的能经受观测检验的数学方式。

　　至于我们自己的世代如何向遥远的未来演化，也有一系列的问号。这里，对CCC的要求和预期多少更清楚一些。具体说来，Λ 必须是宇宙学常数，而我们的世代在指数膨胀中延续到永远。黑洞的霍金蒸发必须是真实的，并将延续到每个黑洞都消失，几乎将其全部静止能量存入低能的光子和引力辐射，即使对可能出现的最大黑洞来说，也是如此，直到它们最终消失。假如这种霍金辐射发生在我们以前的世代，那它还是可探测的吗？我们必须记住，黑洞的全部质量能量，不论初始多大，最终都会转化为低频率的电磁辐射。这些能量最后会出现 [212] 在两个世代的界面，并在我们世代的CMB中留下微妙的痕迹。如果CCC是对的，那么我们也许有可能从CMB的微小不规则性中析出那些信息。如果真的如此，那就很值得注意了，因为我们世代的霍金辐射通常被认为是极其微弱的效应，根本不可能观测到！

　　CCC的更不寻常的意义在于，所有粒子的静止质量最终都将在遥远的未来消失殆尽（3.2节），从而在渐进极限下，所有残存粒子（包括带电的）都会变成无质量的。根据这个纲领，静止质量的衰减是有质量粒子的普遍特征，因而可以想象它应该是可观测效应。然而，在当下的认识阶段，这个纲领还没有提供有关质量衰减率的描述。衰减率可能是极其缓慢的，所以，即使眼下没有观测到质量的衰减，也不能用它来代表反对CCC的证据。需要说明的是，假如所有不同类型的粒子都有近似成比例的质量衰减率，那么它的效应将表现为引力常数的缓慢减小。到1998年，[3.84] 关于引力常数衰减率的最佳实验极限是，它应该小于大约每年 1.6×10^{-12}。不过我们必须记住，与所有黑洞最终消失所需要的 10^{100} 年比起来，10^{12} 年的时间尺度其实是微不足道的。我写此书时，还没想到什么明确的观测计划来严格检验CCC要求静止质量最终衰减的特征。

　　不过，CCC有一点明确的意义，应该有可能通过CMB的恰当分析来确定。这儿说的效应是两个超大质量黑洞（主要是那些星系中心的黑洞）靠近时发射的引力辐射。两个黑洞相遇，会有什么结果呢？如果黑洞靠得很近，那么每一个都可能使另一个的运动发生强烈偏转，从而引起引力辐射，从两个黑洞带走大量能量，并显著减弱它们之间的相对运动。如果两个黑洞逼近了，那么它们会在彼此的轨道俘获对方，通过引力波失去能量，从而越靠越近，失去巨大能量，最后互相吞噬，形成一个黑洞。在极端情形，这个黑洞可能是直接碰撞的结果，这样，它在通过引力辐射安顿自己之前就开始完全扭曲了。不论哪种情形，都会释放大量引力波，带走两个黑洞结合的巨大质量的相当大的部分。

　　在我们考虑的这个时间尺度上，整个引力波的爆发几乎是瞬间完成的。这个辐射不会在宇宙产生更多的巨大扭曲效应，从相遇点 e 看来，它基本上包含在一个薄薄的球层里，以光速永远向外扩展。如果用共形图来示意（图3.26），能量爆发是一个从 e 向 $\mathscr{I}^\wedge$（$\mathscr{I}^\wedge$ 是我们前一个世代的"$\mathscr{I}^+$"）扩展的光锥 $\mathscr{C}^+(e)$。尽管可以认为辐射最终会无限衰减，从而在它到达 $\mathscr{I}^\wedge$ 时已经微不足道了，但是如果以正确的方式来看这个状态，我们会发现并不真是那么回事儿。回想一下3.2 [214] 节讲的，引力场可以用 $\begin{bmatrix}0\\4\end{bmatrix}$ 张量 $\mathbf{K}$ 来描述，满足共形不变的波动方程 $\nabla\mathbf{K}=0$。因为波动方程是共形不变的，我们可以认为 $\mathbf{K}$ 像图3.26描述的那样传播，其中未来边界 $\mathscr{I}^\wedge$ 可以认为是普通的3维类空曲面。波在有限时间内到达 $\mathscr{I}^\wedge$，$\mathbf{K}$ 在那儿具有有限值，可以根据图3.26的几何进行估计。

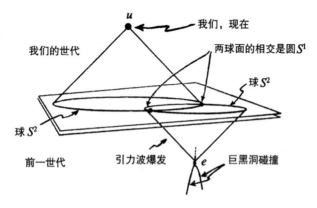

图3.26　两个巨型黑洞在前一个世代的相遇将引起猛烈的引力辐射爆发，这将表现为CMB天空上的温度增强或减弱（依赖于整体几何）的一个圆圈

　　这时，因为 **K** 与我们在图3.26中用的共形度规标度的共形张量
C 之间的关系（3.2节中的 "**Ĉ** = Ω**K̂**"），我们看到共形张量 **C** 在 $\mathscr{I}^{\wedge}$ 处
等于零，但它有经过 $\mathscr{I}^{\wedge}$ 的非零法向导数（见图3.27，比较图3.6）。
根据附录B12的讨论，我们看到法向导数的出现有两个直接效应。一
个是通过叫 "柯顿–约克"（"Cotton-York"）张量的共形曲率影响共
形界面（$\mathscr{I}^{\wedge}/\mathscr{B}^{-}$）的共形几何，这样我们就不能指望下一个（我们
的）世代的空间几何在大爆炸时刻恰好就是FLRW型的几何，而肯定
会存在些许的不规则性。第二个也更加直接的可观测效应，就是沿着
辐射方向重重地 "冲击" ϖ 场物质 —— 即3.2节讨论过的新暗物质
的初始相，见图3.27。

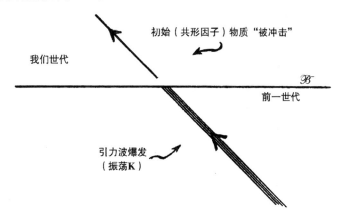

图3.27　引力波爆发与3维界面相遇时，会在波动方向 "冲击" 下一个世代的初
　始物质

215　　如果点 u 代表我们当下的时空位置，那么 u 的过去光锥 $\mathscr{C}^{-}(u)$
代表我们能直接 "看见" 的宇宙的一部分。于是，$\mathscr{C}^{-}(u)$ 与解耦曲
面 $\mathscr{D}$ 的界面就是能在CMB中直接观测的东西。可是因为在严格的共
形表示中 $\mathscr{D}$ 非常接近（图中大约是世代总高度的1%）界面 $\mathscr{B}^{-}$，所

以即使将它视为 $\mathscr{C}^-(u)$ 与 $\mathscr{B}^-$ 的界面，也不会错得太远。[3.85] 如果忽略我们世代的任何非均匀物质密度效应，那么我们看到的几何将是一个球面。如果假定我们可以忽略前一个世代的非均匀物质密度效应，那么 e 的未来光锥 $\mathscr{C}^+(e)$ 也会与 $\mathscr{I}^{\wedge}(=\mathscr{B}^-)$ 相交于一个几何球面。于是，我们通过在 CMB 留下的效应而直接看到的黑洞在 e 点相遇发出的那部分辐射，就是两个球面在 $\mathscr{B}^-$ 的相交，它在几何上恰好是一个圆圈 C，这里我忽略了 3 维曲面 $\mathscr{B}^-$ 与 $\mathscr{D}$ 的细微差别。

引力波爆发给（假想的）原初暗物质带来的能量-动量脉冲（即"冲击"）在朝着或离开我们的方向上也会有一个分量，依赖于 u，e 和相交曲面的几何关系。朝向或离开我们的效应，在整个圆周 C 上是处处一样的。于是，我们预期前一个世代的每一次黑洞相遇（即两个球面相交），都会在 CMB 天空留下一个圆圈，它对整个天空的背景平均 CMB 温度有着或正或负的贡献。

作为一个有用的类比，我们想象在平静无风的日子里细雨下的一个小池塘。每一滴雨都会激起一圈微澜，从一点向外散开。但如果雨滴很多，那么池塘里的涟漪就很难一个个分辨，它们会连续向外扩散，一个叠加另一个。每个雨滴都可以视为上面想象的黑洞的一次相遇。过一会儿，雨停了（就像黑洞最终通过霍金蒸发消失了），我们只看见池塘的随机波动的涟漪，从涟漪的照片看，很难确定那些模式是怎么形成的。不过，假如我们对模式进行适当的统计分析，应该可能 [216]（如果下雨的时间不是很长）重构原来雨点的时空分布模式，从而相信那些涟漪的确是具有这种性质的离散雨滴形成的。

　　我想，CMB 的这类统计分析应该可以为 CCC 的建议提供很好的检验。所以，2008 年 5 月偶然去普林斯顿大学时，我借机拜访了斯佩格尔（David Spergel），他是 CMB 数据分析的世界级专家。我问他有没有谁在 CMB 数据中见过这种效应，他回答"没有"，接着又说，"但也没人那么看过！"然后，他把这个问题交给他的一个博士后哈简（Admir Hajian），对 WMAP 卫星天文台的数据进行初步分析，尝试寻找是否存在这种效应的证据。

　　哈简做的是，选取一系列不同的半径，从 1° 角半径开始，然后以 0.4° 的幅度逐步增大角半径到大约 60°（一共 171 个半径）。对每个半径，以均匀分布在天空的 196 608 个不同点为中心的圆周，都具有环绕那个圆周的平均 CMB 温度。然后，画出直方图，看是否存在预期的对完全随机数据的"高斯行为"的显著偏离。起初，他看到了一些"尖峰"，似乎清楚显现了大量具有 CCC 预言特征的圆圈。然而，不久就发现那不过是假象，因为有些圆圈通过了天空的某些特殊区域，与我们银河系的定位有关，而我们知道那儿比正常的 CMB 天空更热或更冷。为消除假效应，需要叠加星系平面附近的信息，经过这些步骤，假"尖峰"就被有效清除了。

　　这里应该指出的一点是，不管怎么说，形成尖峰的大量圆圈在天空的半径都超过了 30°，而根据 CCC，假如我们前一世代大致有着和我们世代一样的历史，圆圈的半径不该有那么大。原因在于，这里考虑的巨黑洞的相遇不该出现在前一世代的"现在时刻"之前，而我们世代的"现在时刻"大约在共形图的 2/3 左右（图 3.28）。简单的几何表明，如果黑洞相遇的 e 点发生在前一世代的共形图的 2/3 以后，

那么从我们的视点 u 看，圆圈的半径一定小于30°（与很多尖峰矛盾）。于是，这些效应可能产生的温度关联不会延伸到60°天球以

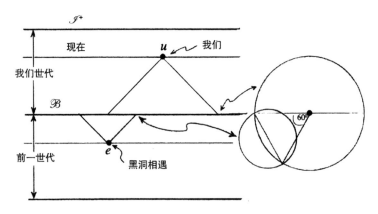

图3.28　在共形图中，我们似乎处于我们世代的2/3。假如前一世代的最早黑洞相遇也在那个时候，则我们可以预期存在一个60°的角关联界限

外。在观测到的CMB温度关联中似乎真有落在大约60°以外的，这是很奇怪的事情。据我所知，标准的暴胀图景无法解释这一点，这也许又可以作为CCC建议的一个支持。

　　在哈简的分析里，去掉那些尖峰后，还留下很多不同的看似显著的对高斯随机性的系统偏离。这些偏离，包括额外的角半径在7°和15°之间的冷圈，看起来特别值得关注，而且我认为它还需要解释。这些效应有可能是某些与CCC无关的虚假成分的结果，但我看关键问题在于，对随机的偏离是否关联着这样的事实:我们进行平均的天空区域确实就是圆，而不是别的形状，因为在CMB扰动的圆周性质似乎是CCC预言的一个基本特征。于是，我建议重新分析，但要对天球施行一种保持面积不变的"扭曲"（见图3.29）。这样，根据分析，

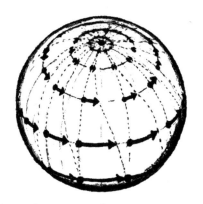

图3.29 将CMB天空扭曲到球极坐标（用公式 $\theta'=\theta$，$\phi'=\phi+3a\pi\theta^2-2a\theta^3$），使圆变得更像椭圆

天球的圆圈会显得更像椭圆。我曾提出进行3种不同形式的分析，一个没有天球变形，一个有小变形，一个有大变形。我预料CCC将预言非高斯效应在无扭曲时最大，在小扭曲是略有减小，而在大扭曲时也许会完全消失。

　　然而，分析结果（哈简在2008年秋做的）令我惊讶！分析完整而系统地覆盖了从角半径8.4°到12.4°的区域（包含12个不同的柱状图），微弱的天球扭曲确实非常清楚地强化了这个特别的效应，而更大的天球扭曲也真的使它消失了。在柱状图的其他部分，我们看到多少有些相似的证据都表明了对我们所考察的圆周形状的敏感。一开始，我为这个发现惊呆了，简直不敢想象如何去解释小量扭曲的强化效应，不过我突然想到一种可能——也许我们自己世代的物质分布（幸好）存在巨大的不均匀性，它可能把圆周图像扭曲成椭圆的。[3.86] 回想一下2.6节讲的，外尔曲率的存在可以显著扭曲图像（图2.48）。小扭曲产生的强化效应（根据我建议的图像）可以从一个意外的一致性产

生出来 —— 在天空的某些区域,我们施行的人为的天球扭曲与外尔曲率产生的实际扭曲,有着惊人的一致性。在其他区域,扭曲会带来更大的不一致,但在适当条件下,效应也可能是总体强化的,因为那些不一致产生的效应很容易在"噪声"中消失。

遗憾的是,外尔曲率导致的显著扭曲让分析变得更复杂了。为了看清在 u 和 3 维解耦曲面 $\mathscr{D}$ 之间的直线上哪些地方有显著的外尔曲率,我们最好是把天空划分为小区域。也许这可以和宇宙物质分布的不均匀性联系起来(例如巨大的"空穴")。[3.87] 无论如何,这种情形总有不同寻常的诱人之处,似乎就等着我们去观测了。我们当然希望这些问题能在不远的将来得到澄清,那样的话,共形循环宇宙学的物理地位也能很快地以清晰的方式确定下来。

尾声

220

汤姆疑惑地看着阿姨,然后说,"那是我听过的最疯狂的想法!"

汤姆想回家了,大步走向阿姨的车,阿姨跟在后面。突然,他停下来,看雨滴落在水磨旁的池塘里。雨比刚才小多了,在水面形成小小的涟漪,每一颗雨滴都清晰可见。汤姆看了一会儿,禁不住地好奇……

第3章
注释

[3.1]　A. Zee（2003），*Quantum field theory in a nutshell*，Princeton University Press.

[3.2]　理论上说，我们有理由相信光子是严格无质量的（与电荷守恒有关）。但就观测而言，光子质量有一个上限 $m < 3 \times 10^{-27}$eV。G. V. Chibisov（1976），"Astrofizicheskie verkhnie predely na massu pokoya fotona"，*Uspekhi fizicheskikh nauk* **119** no. 3. **19** 624.

[3.3]　名词"共形不变"在一些粒子物理学家中有一种普通的用法，意思比我们这儿的弱得多，即不变性只是"标度不变性"，限于更为严格的 Ω 为常数的变换 $\mathbf{g} \mapsto \Omega^2 \mathbf{g}$。

[3.4]　然而，关于"共形反常"是什么意思，可能有一个问题。根据那种反常，经典场的对称性（严格共形不变的）可能不会在量子环境下成立。在我们眼下考虑的极高能量的情形，不存在这个问题，尽管它也许起着某种作用，让共形不变在静止质量出现时发生"衰减"。

[3.5]　D. J. Gross（1992），"Gauge theory — Past，present，and future?"，*Chinese J Phys.* **30** no. 7.

[3.6]　巨型重子对撞机（LHC）要让每个粒子能量为 7×10^{12} 电子伏特（1.12微焦耳）的两个粒子束或者每个核能量为574TeV（92.0μJ）的铅核发生碰撞。

[3.7]　暴胀问题的讨论见§3.4和3.6。

[3.8]　S. E. Rugh and H. Zinkernagel（2009），"On the physical basis of cosmic time"，*Studies in History and Philosophy of Modern Physics* **40**：1–19.

[3.9]　H. Friedrich（1983），"Cauchy problems for the conformal vacuum field equations in general relativity"，*Comm. Math. Phys.*

91 no. 4，445-472. H. Friedrich（2002），"Conformal Einstein evolution"，in *The conformal structure of spacetime*：*geometry*，*analysis*，*numerics*（ed. J. Frauendiener，H. Friedrich）Lecture Notes in Physics，Springer. H. Friedrich（1998），"Einstein's equation and conformal structure"，in *The geometric universe*：*science*，*geometry*，*and the work of Roger Penrose*（eds. S. A. Huggett，L. J. Mason，K. P. Tod，S. T. Tsou，and N. M. J. Woodhouse），Oxford University Press.

[3.10] 这种冲突问题的一个例子是所谓的祖父悖论：一个人逆着时间旅行到过去，在他后来的祖父尚未遇到他祖母之前，将他的祖父杀死。这样一来，旅行者的父亲（以及他本人）都不可能出生了。这意味着他绝不可能回到时间的过去，而这也说明祖父还活着，我们才会想象旅行者可以回到过去杀死他。于是，每种可能看来都蕴涵着自我否决，这是一种逻辑悖论。René Barjavel（1943），*Le voyageur imprudent*（*The imprudent traveller*）.［其实，那本书说的是旅行者的一个祖先，而不是他的祖父。］

[3.11] 这个 $\mathcal{P}$ 上的度量是" $\mathrm{d}p \wedge \mathrm{d}x$ "的一个幂，其中 $\mathrm{d}p$ 是对应于位置变量 x 的动量变量；例如参见 R. Penrose（2004），*The road to reality*，§20.2。如果 $\mathrm{d}x$ 由因子 Ω 标度，则 $\mathrm{d}p$ 由 Ω^{-1} 标度。这种 $\mathcal{P}$ 上的标度不变性独立于所描述物理的任意共形不变性。

[3.12] R. Penrose（2008），"Causality，quantum theory and cosmology"，in *On space and time*（ed. Shahn Majid），Cambridge University Press. R. Penrose（2009），"The basic ideas of Conformal Cyclic Cosmology"，in *Death and anti-death*，*Volume 6*：*Thirty years after Kurt Gödel*（1906-1978）（ed. Charles Tandy），Ria University Press，Stanford，Palo Alto，CA.

[3.13] 最近，日本超级神冈（Super-Kamiokande）切伦科夫辐射探测器实验提供了质子半衰期的一个下限为 6.6×10^{33} 年。

[3.14] 主要是粒子对湮灭。感谢 J. D. Bjorken 为我澄清这个问题。J. D. Bjorken, S. D. Drell (1965), *Relativistic quantum mechanics*, McGraw-Hill.

[3.15] 眼下, 关于中微子的观测形势是, 它们的质量差不可能为零, 但从技术上说, 三种中微子之一有可能是无质量的。Y. Fukuda et al. (1998), "Measurements of the solar neutrino flux from Super-Kamiokande 's first 300 days", *Phys. Rev. Lett.* **81**(6)1158–1162.

[3.16] 这些算子可以用群的生成元来构造, 与所有群元素对易。

[3.17] H. -M. Chan and S. T. Tsou (2007), "A model behind the standard model", *European Physical Journal* **C52**, 635–663.

[3.18] 微分算子度量它所作用的物理量如何在时空中变化; "∇" 算子的确切意义见附录。

[3.19] R. Penrose (1965), "Zero rest-mass fields including gravitation: asymptotic behaviour", *Proc. R. Soc. Lond.* **A284**: 159–203.

[3.20] 实际上, 至于 g 与 $\hat{g}$ 哪个是爱因斯坦的物理度规, 我在附录 B 中的约定正好与这儿相反, 所以趋于零的应该是 "Ω^{-1}"。

[3.21] 这依赖于 $\mathscr{B}^-$ 处的物质性质是辐射 (如 §3.3 中 Tolman 的辐射模型所描述的), 而不是 Friedmann 模型的尘埃。

[3.22] 根据 Cartan 的微分形式, "微分" $\mathrm{d}\Omega/(1-\Omega^2)$ 是 1–形式或余向量, 但它在 $\Omega \mapsto \Omega^{-1}$ 下的不变性很容易用标准的计算法则验证, 例如参见 R. Penrose (2004), *The road to reality*, Random House。

[3.23] 我个人感觉, 现在大家倾向认为 "暗能量" 是对宇宙物质密度的贡献, 是很不恰当的。

[3.24] 即使得到一个大120个数量级的数值，也需要我们相信"重正化过程"，没有它，我们只能得到"∞"（见3.5节）。

[3.25] 基于天体力学方法确定的 G 的变化约束为 $(\mathrm{d}G/\mathrm{d}t)/G_0 \leqslant 10^{-12}$/年。

[3.26] R. H. Dicke (1961), "Dirac's cosmology and Mach's principle", *Nature* **192**: 440–441. B. Carter (1974), "Large number coincidences and the anthropic principle in cosmology", in *IAU Symposium 63: Confrontation of Cosmological Theories with Observational Data*, Reidel, pp. 291-298.

[3.27] A. Paris (1982), Subtle is the Lord: *the science and life of Albert Einstein*, Oxford University Press.

[3.28] R. C. Tolman (1934), *Relativity, thermodynamics, and cosmology*, Clarendon Press. 3. 29

[3.29] 解析延拓的严格概念，见 R. Penrose (2004), *The Road to Reality*, Random House.

[3.30] 所谓"虚数"，是其平方为负数的数，如量 i，它满足 $i^2=-1$。见 R. Penrose (2004), *The road to reality*, Random House, §4.1.

[3.31] B. Carter (1974), "Large number coincidences and the anthropic principle in cosmology", in *IAU Symposium 63: Confrontation of Cosmological Theories with Observational Data*, Reidel, pp. 291-298. John D. Barrow, Frank J. Tipler (1988), *The anthropic cosmological principle*, Oxford University Press.

[3.32] L. Susskind, "The anthropic landscape of string theory arxiv: hep-th/0302219". A. Linde (1986), "Eternal chaotic inflation", *Mod. Phys. Lett.* **A1**: 81.

[**3.33**]　Lee Smolin（1999），*The life of the cosmos*，Oxford University Press.

[**3.34**]　Gabriele Veneziano（2004），"The myth of the beginning of time"，Scientific American，May.

[**3.35**]　Paul J. Steinhardt，Neil Turok（2007），*Endless universe：beyond the big bang*，Random House，London.

[**3.36**]　参见，例如 C. J. Isham（1975），*Quantum gravity：an Oxford symposium*，Oxford University Press.

[**3.37**]　Abhay Ashtekar，Martin Bojowald，"Quantum geometry and the Schwarzschild singularity"．http：// www. arxiv. org/gr-qc/0509075。

[**3.38**]　参见，例如 A. Einstein（1931），Berl. Ber. 235 and A. Einstein，N. Rosen（1935），*Phys. Rev. Ser.* 2 **48**：73.

[**3.39**]　见注 2. 50。

[**3.40**]　见注 3. 11。

[**3.41**]　有证据表明，其他星系存在着一些大得多的黑洞，目前的最大黑洞质量为 $\sim 1. 8 \times 10^{10} \, M_{\odot}$，大约相当于一个小星系的质量。但也有很多星系，其黑洞质量远小于我们的 $\sim 4 \times 10^{6} M_{\odot}$ 黑洞。文中提出的精确数字对我们的讨论来说无关紧要。我猜实际数值可能偏低。

[**3.42**]　J. D. Bekenstein（1972），"Black holes and the second law"，*Nuovo Cimento Letters* 4 737–740. J. Bekenstein（1973），"Black holes and entropy"，*Phys. Rev.* **D7**，2333–2346.

[**3.43**] J. M. Bardeen, B. Carter, S. W. Hawking (1973), " The four laws of black hole mechanics ", *Communications in Mathematical Physics* **31**(2)161–170.

[**3.44**] 实际上，静态黑洞（真空里的）只需要10个数字就能完全刻画：位置（3），速度（3），质量（1）和角动量（3），不过，刻画它的形成方式却需要大量参数。于是，这10个宏观参数将在相空间里标记一个巨大的区域，因而有巨大的熵（据Boltzmann公式）。

[**3.45**] http: // xaonon. dyndns. org/hawking

[**3.46**] L. Susskind (2008), *The black hole war : my battle with Stephen Hawking to make the world safe for quantum mechanics*, Little, Brown.

[**3.47**] D. Gottesman, J. Preskill(2003), " Comment on " The black hole final state " ", hep-th/0311269. G. T. Horowitz, J. Malcadena (2003), " The black hole final state ", hep-th/0310281. L. Susskind (2003), " Twenty years of debate with Stephen ", in *The future of theoretical physics and cosmology* (ed. G. W. Gibbons et al.), Cambridge University Press.

[**3.48**] 霍金早就指出，从技术上说，"砰响"本身代表着违背宇宙监督猜想的一种瞬间的"裸奇点"。主要因为这个理由，宇宙监督猜想才限于广义相对论。R. Penrose (1994), " The question of cosmic censorship ", in *Black Holes and Relativistic Stars* (ed. R. M. Wald), University of Chicago Press.

[**3.49**] James B. Hartle (1998), " Generalized quantum theory in evaporating black hole spacetimes ", in *Black Holes and Relativistic Stars* (ed. R. M. Wald), University of Chicago Press.

[**3.50**] 这是量子论的一个著名结果，即所谓的"非克隆定理"，它禁止复

制任何未知的量子态。我看它也可以用在这里。W. K. Wootters, W. H. Zurek（1982），"A single quantum cannot be cloned", *Nature* **299**：802-803.

[**3.51**] S. W. Hawking（1974），"Black hole explosions", *Nature* **248**：30. S. W. Hawking（1975），"Particle creation by black holes", *Commun. Math. Phys.* **43**.

[**3.52**] 关于霍金的新观点，见Nature在线的"Hawking changes his mind about black holes",（doi:10. 1038 /news 040712-12），那是基于与弦论有关的一些猜测。S. W. Hawking（2005），"Information loss in black holes", *Phys. Rev.* **D72** 084013.

[**3.53**] 薛定谔方程是一个复的一阶方程，当时间反转时，"虚数" i 应换为 $-i\left(i=\sqrt{-1}\right)$；见注释3.30。

[**3.54**] 更多的信息见R. Penrose（2004），*The Road to reality*, Random House，Chs 21-23.

[**3.55**] W. Heisenberg（1971），*Physics and Beyond*, *Harper and Row*, pp. 73-76. See also A. Pais（1991），*Niels Bohr's Times*, Clarendon Press，p. 299.

[**3.56**] 狄拉克似乎对当前的量子力学"诠释"问题不感兴趣，也没打算解决测量问题，而认为量子场论无论如何只是一个"暂时的理论"。

[**3.57**] P. A. M. Dirac（1982），*The principles of quantum mechanics*. 4 th edn. Clarendon Press [1st edn 1930].

[**3.58**] L. Diósi（1984），"Gravitation and quantum mechanical localization of macro-objects", *Phys. Lett.* **105A** 199-202. L. Diósi（1989），"Models for universal reduction of macroscopic

quantum fluctuations ", *Phys. Rev.* **A40** : 1165–1174. R. Penrose
（1986）,"Gravity and state-vector reduction ", in *Quantum concepts in space and time*（eds. R. Penrose and C. J. Isham）, Oxford University Press , pp. 129–146. R. Penrose（2000）, "Wavefunction collapse as a real gravitational effect ", *in Mathematical physics 2000*（eds. A. Fokas , T. W. B. Kibble , A. Grigouriou , and B. Zegarlinski）, Imperial College Press , pp. 266–282. R. Penrose（2009）,"Black holes , quantum theory and cosmology "（Fourth International Workshop DICE 2008）, *J. Physics Conf. Ser.* **174** : 012001. doi : 10. 1088 / 1742–6596 / 174 / 1 / 012001

[**3.59**] 面对空间可能无限的宇宙时，总会出现总量（如熵）变成无限大的问题。但这一点并不要紧，因为在整体空间均匀的假定下，我们可以用一个巨大的"随动体积"（其边界跟随一般的物质流）来讨论。

[**3.60**] S. W. Hawking（1976）,"*Black holes and thermodynamics* ", *phys. Rev.* **D13**（2）191. G. W. Gibbons , M. J. Perry（1978）,"Black holes and thermal Green 's function ", *Proc Roy. Soc. Lond.* **A358** : 467–94. N. D. Birrel , P. C. W. Davies（1984）, *Quantum fields in curved space* , Cambridge University Press.

[**3.61**] Paul Tod 私人通信。

[**3.62**] 见注释3. 11。

[**3.63**] 我想我本人关于生成黑洞熵的"信息丢失"的观点，与通常说的不一样，我不认为视界的位置有多关键（因为无论如何视界不是局域可辨的），倒认为奇点才是破坏信息的祸首。

[**3.64**] 见注释3. 42。

[**3.65**]　W. G. Unruh（1976），"Notes on black hole evaporation"，*Phys. Rev.* **D14** : 870.

[**3.66**]　G. W. Gibbons，M. J. Perry（1978），"Black holes and thermal Green 's function"，*Proc Roy. Soc. Lond*，**A358** : 467–494. N. D. Birrel，P. C. W. Davies（1984），Quantum fields in curved space，Cambridge University Press.

[**3.67**]　Wolfgang Rindler（2001），Relativity : special，general and cosmological，Oxford University Press.

[**3.68**]　H. -Y. Guo，C. -G. Huang，B. Zhou（2005），*Europhys. Lett.* **72** : 1045-1051.

[**3.69**]　也许有人认为 Rindler 观测者覆盖的区域不是整个 $\mathbb{M}$，但同样的反驳也适用于 $\mathbb{D}$。

[**3.70**]　J. A. Wheeler，K. Ford（1995），*Geons，black holes，and quantum foam*，Norton.

[**3.71**]　A. Ashtekar，J. Lewandowski（2004），"Background independent quantum gravity : a status report"，*Class. Quant. Grav.* **21** R 53-R 152. doi:10.1088/0264-9381/21/15/R 01，arXiv : gr-qc/0404018.

[**3.72**]　J. W. Barrett，L. Crane（1998），"Relativistic spin networks and quantum gravity"，*J. Math. Phys.* **39** : 3296–302. J. C. Baez（2000），*An introduction to spin foam models of quantum gravity and BF theory*. Lect. Notes Phys. 543 25–94. F. Markopoulou，L. Smolin（1997），"Causal evolution of spin networks"，*Nucl. Phys.* **B508** : 409–430.

[**3.73**]　H. S. Snyder（1947），Phys. Rev. 71（1）38–41. H. S. Snyder

（1947），*Phys. Rev.* **72**（1）68–71. A. Schild（1949），*Phys. Rev.* **73**，414–415.

[**3.74**]　F. Dowker（2006），"Causal sets as discrete spacetime", *Contemporary Physics* **47**：1–9. R. D. Sorkin（2003），"Causal sets：discrete gravity",（Notes for the Valdivia Summer School）, in *Proceedings of the Valdivia Summer School*（ed. A. Gomberoff and D. Marolf）, arXiv:gr-qc/0309009.

[**3.75**]　R. Geroch, J. B. Hartle（1986），"Computability and physical theories", *Foundations of Physics* **16**：533–550. R. W. Williams, T. Regge（2000），"Discrete structures in physics", *J. Math. Phys.* **41**：3964–3984.

[**3.76**]　Y. Ahmavaara（1965），J. Math. Phys. 6 87. D. Finkelstein （1996），*Quantum relativity：a synthesis of the ideas of Einstein and Heisenberg*, Springer-Verlag.

[**3.77**]　A. Connes（1994），Non-commutative geometry, Academic Press. S. Majid（2000），"Quantum groups and noncommutative geometry", *J. Math. Phys.* **41**（2000）3892–3942.

[**3.78**]　B. Greene（1999），*The elegant universe*, Norton. J. Polchinski （1998），*String theory*, Cambridge University Press.

[**3.79**]　J. Barbour（2000），*The end of time：the next revolution in our understanding of the universe*, Phoenix. R. Penrose（1971），"Angular momentum: an approach to combinatorial space-time", in *Quantum theory and beyond*（ed. T. Bastin）, Cambridge University Press.

[**3.80**]　关于扭量理论的解释，见 R. Penrose（2004），*The road to reality*, Random House, ch. 33.

[**3.81**]　G. Veneziano（2004），" The myth of the beginning of time ",
　　　　　Scientific American（May）。也参见注释 3. 34.

[**3.82**]　R. Penrose（2004），*The road to reality*，Random House，28. 4.

[**3.83**]　将量子涨落 " 实现为 " 真实的经典物质分布的奇异性，需要 §3. 4
　　　　　最后说的那种 **R** 过程的显现，不属于么正演化 U 的部分。

[**3.84**]　D. B. Guenther，L. M. Krauss，P. Demarque（1998），" Testing the
　　　　　constancy of the gravitational constant using helioseismology ",
　　　　　Astrophys. J. **498**：871-876.

[**3.85**]　实际上，有一些标准的程序考虑从 $\mathscr{B}$ 到 $\mathscr{C}$ 的演化。不过，Hajian
　　　　　的 CMB 数据的基础分析没有用这个方法（文中有简短描述）。

[**3.86**]　圆的这种形变也可能出现在前一个世代，尽管我猜测那只是一个
　　　　　小效应。不管怎么说，只要形变发生，其效应会就更难处理了，
　　　　　会给分析带来很多令人讨厌的东西（原因很多）。

[**3.87**]　V. G. Gurzadyan，C. L. Bianco，A. L. Kashin，H. Kuloghlian，G.
　　　　　Yegorian（2006），" Ellipticity in cosmic microwave background
　　　　　as a tracer of large-scale universe ", *Phys. Lett.* **A 363**：121-124.
　　　　　V. G. Gurzadyan，A. A. Kocharyan（2009），" Porosity criterion
　　　　　for hyperbolic voids and the cosmic microwave background ",
　　　　　Astronomy and Astrophysics **493** L 61-L 63.［DOI：10. 1051/000-
　　　　　6361:200811317］

附录

附录A　共形标度，2−旋量，麦克斯韦和爱因斯坦理论

这里的多数方程都用2−旋量形式。这倒不是必须的，其实我们也都给出了大家更熟悉的4−张量形式。不过，2−旋量形式不仅能更简单地表述共形不变的特性（见A6），也能更系统地从整体上理解无质量场的传播和相应的其构成粒子的薛定谔方程。

在写方程时，我们遵从以前的约定，包括抽象指标（参见Penrose and Rindler，1984，1986）[A1]，不过这里宇宙学常数用 Λ 而不用 λ。那本书里的标量曲率"Λ"在这儿为 $R/24$。方程前面的记号P&R指那部书，其实所有需要的方程都可以在第2卷中找到。这儿的爱因斯坦张量 E_{ab} 是那儿的"爱因斯坦张量"$R_{ab}-Rg_{ab}/2$ 的负值（而里奇张量 R_{ab} 的符号与那儿的相同），所以爱因斯坦场方程为（见2.6节和3.5节）

$$E_{ab}=\frac{1}{2}R_{ab}-R_{ab}=8\pi GT_{ab}+\Lambda g_{ab}$$

221

A1. 2-旋量记号：麦克斯韦方程

2-旋量形式采用抽象旋量指标（在复2维旋量空间中），我用斜体大写拉丁字母，无撇的（A，B，C，$\cdots$）或带撇的（A'，B'，C'，$\cdots$），它们在复共轭下交换。每个时空点的复化正切空间是无撇旋量空间与带撇旋量空间的张量积。于是我们可以用抽象指标的恒等式：

$$a = AA',\ b = BB',\ c = CC',\ \cdots$$

其中斜体小写拉丁字母 a，b，c，$\cdots$ 指时空的正切空间。更确切说，上标的是正切空间，而下标的是余切空间。

反对称麦克斯韦场张量 F_{ab}（$= -F_{ba}$）可以用对称的2-指标2-旋量 φ_{AB}（$= \varphi_{BA}$）表示为2-旋量形式

$$F_{ab} = \varphi_{AB}\varepsilon_{A'B'} + \overline{\varphi}_{A'B'}\varepsilon_{AB}$$

其中量 $\varepsilon_{AB}\left(= -\varepsilon_{BA} = \overline{\varepsilon_{A'B'}}\right)$ 定义了旋量空间的复辛结构，通过如下抽象指标方程与度规联系：

$$g_{ab} = \varepsilon_{AB}\varepsilon_{A'B'}$$

旋量指标的提升和下降遵从如下惯例（ε 上的指标顺序很重要！）

$$\xi^A = \varepsilon^{AB}\xi_B,\ \xi_B = \xi^A\varepsilon_{AB},\ \eta^{A'} = \varepsilon^{A'B'}\eta_{B'},\ \eta_{B'} = \eta^{A'}\varepsilon_{A'B'}$$

以荷流矢量J^a为场源的麦克斯韦场方程（在3.2节统写为$\nabla \mathbf{F}=4\pi \mathbf{J}$）为

$$\nabla_{[a}F_{bc]}=0 \,, \quad \nabla_a F^{ab} = 4\pi\, J^b$$

（其中指标外的方括弧表示反对称化，圆括弧表示对称化），荷流守恒方程为

222

$$\nabla_a J^a = 0$$

它们对应的2–旋量形式（P&R5.1.52，5.1.54）为

$$\nabla^{A'B'}\varphi_B^A = 2\pi J^{AA'} \text{ 和 } \nabla_{AA'}J^{AA'} = 0$$

无源（$J^a=0$）时，我们得到自由麦克斯韦方程（3.2节写为$\nabla \mathbf{F}=0$）

$$\nabla^{AA'}\varphi_{AB} = 0$$

A2．无质量自由场（薛定谔）方程

最后那个方程，是自旋为$n/2$ （>0）的无质量粒子的自由场方程（P&R4.12.42），或"薛定谔方程"[A.2]在$n=2$的情形

$$\nabla^{AA'}\varphi_{ABC\cdots E} = 0$$

其中 $\phi_{ABC...E}$ 有 n 个指标，而且是全对称的：

$$\phi_{ABC...E} = \phi_{(ABC...E)}$$

在 $n=0$ 情形，场方程通常为 $\Box\phi=0$，这里达朗贝尔（D'Alembertian）算子 $\Box$ 定义为

$$\Box = \nabla_a\nabla^a$$

但在弯曲时空中，我们要用算子 ∇_a 指协变微分，所以在这儿我们更喜欢用如下形式的方程（P&R6.8.30）

$$\left(\Box + \frac{R}{6}\right)\phi = 0$$

223 在我们将要讨论的意义上（见A6），这个方程是共形不变的。（这里 $R=R_a{}^a$ 是曲率标量。）

A3. 时空曲率量

黎曼－克里斯多夫（Riemann-Christoffel）曲率张量 R_{abcd} 具有如下对称性

$$R_{abcd} = R_{[ab][cd]} = R_{cdab} , \ R_{[abc]d} = 0$$

且与导数对易子有如下关系（P&R4.2.31）：

$$\left(\nabla_a\nabla_b - \nabla_b\nabla_a\right)V^d = R_{abc}{}^d V^c$$

这个关系确定了 R_{abcd} 的符号约定。我们这里分别定义里奇和爱因斯坦张量和里奇标量如下：

$$R_{ac} = R_{abc}{}^b \text{ , } E_{ab} = \frac{1}{2}Rg_{ab} - R_{ab} \text{ , 其中 } R = R_a{}^a$$

外尔共形张量 C_{abcd} 定义为（P&R 4.8.2）

$$C_{ab}{}^{cd} = R_{ab}{}^{cd} - 2R_{[a}{}^{[c}g_{b]}{}^{d]} + \frac{1}{3} \; Rg_{[a}{}^{c}g_{b]}{}^{d}$$

它与 R_{abcd} 有相同对称性，但所有的迹为零：

$$C_{abc}{}^{b} = 0$$

利用旋量，我们可以写成（P&R 4.6.41）

$$C_{abcd} = \Psi_{ABCD}\varepsilon_{A'B'}\varepsilon_{C'D'} + \bar{\Psi}_{A'B'C'D'}\varepsilon_{AB}\varepsilon_{CD}$$

其中共形旋量 Ψ_{ABCD} 是全对称的：

$$\Psi_{ABCD} = \Psi_{(ABCD)}$$

R_{abcd} 的其他信息包含于标量曲率 R 和里奇（或爱因斯坦）张量的零迹部分，而后者隐含于旋量 $\Phi_{ABC'D'}$，它具有对称性与厄米性

（Hermiticity）:

$$\Phi_{ABC'D'} = \Phi_{(AB)(C'D')} = \overline{\Phi_{CDA'B'}}$$

其中（P&R 4.6.21）

224

$$\Phi_{ABA'B'} = -\frac{1}{2}R_{ab} + \frac{1}{8}Rg_{ab} = \frac{1}{2}E_{ab} - \frac{1}{8}Rg_{ab}$$

A4.　无质量引力源

225　　在附录 B，我们将特别考虑（对称）源张量 T_{ab} 的迹为零

$$T_a{}^a = 0$$

时的爱因斯坦场方程，因为这个条件正好描述无质量（即零静止质量）的引力源，告诉我们旋量指标的量 $T_{ABA'B'} = \overline{T}_{A'B'AB} = T_{ab}$ 有对称性

$$T_{ABA'B'} = T_{(AB)(A'B')}$$

散度方程 $\nabla^a T_{ab} = 0$ 即 $\nabla^{AA'} T_{ABA'B'} = 0$ ，可以改写为

$$\nabla^{A'}_B T_{CDA'B'} = \nabla^{A'}_{(B} T_{CD)A'B'}$$

上面的爱因斯坦方程现在可以写成（P&R 4.6.32）

$$\Phi_{ABA'B'} = 4\pi G T_{ab} \,, \quad R = 4\Lambda$$

如果有静止质量，因而 T_{ab} 有迹

$$T_a{}^a = \mu$$

则爱因斯坦方程有如下形式

$$\Phi_{ABA'B'} = 4\pi G T_{(AB)(A'B')} \,, \quad R = 4\Lambda + 8\pi G\mu$$

A5. 毕安基恒等式

一般的毕安基（Bianchi）恒等式 $\nabla_{[a}R_{bc]de} = 0$，可以写成如下的旋量形式（P&R 4.10.7, 4.10.8）：

$$\nabla_B^A \Psi_{ABCD} = \nabla_B^{A'} \Psi_{CDA'B'} \text{ 和 } \nabla^{CA'} \Phi_{CDA'B'} + \frac{1}{8} \nabla_{DB'} R = 0$$

当 R 为常数时 —— 无质量源的爱因斯坦方程出现的情形 —— 我们有

$$\nabla^{CA'} \Phi_{CDA'B'} = 0 \,, \text{ 只要 } \nabla_B^A \Psi_{ABCD} = \nabla_B^{A'} \Psi_{CDA'B'}$$

226

其中隐含右边关于 BCD 对称。结合无质量源的爱因斯坦方程，我们得到

$$\nabla_{B'}^A \Psi_{ABCD} = 4\pi G \nabla_B^{A'} T_{CDA'B'}$$

（见P&R4.10.12）注意，当$T_{ABC'D'}=0$时，我们有方程（P&R4.10.9）

$$\nabla^{AA'}\Psi_{ABCD}=0$$

这就是A2的无质量自由场方程在$n=4$（即自旋2）的情形。

A6. 共形标度

根据共形标度（$\Omega > 0$均匀变化）

$$g_{ab}\mapsto\hat{g}_{ab}=\Omega^2 g_{ab}$$

我们采用如下抽象指标关系

$$\hat{g}=\Omega^{-2}g^{ab},$$

$$\hat{\varepsilon}_{AB}=\Omega\,\varepsilon_{AB}\,,\ \hat{\varepsilon}^{AB}=\Omega^{-1}\varepsilon^{AB}$$

$$\hat{\varepsilon}_{A'B'}=\Omega\,\varepsilon_{A'B'}\,,\ \hat{\varepsilon}^{A'B'}=\Omega^{-1}\varepsilon^{A'B'}$$

算子∇_a现在必须如下变换

$$\nabla_a\mapsto\hat{\nabla}_a$$

这样∇_a对一般以旋量指标表示的量的作用应如下生成：

$$\hat{\nabla}_{AA'}\phi = \nabla_{AA'}\phi \,, \hat{\nabla}_{AA'}\xi_B = \nabla_{AA'}\xi_B - \gamma_{BA'}\xi_A \,, \ \hat{\nabla}_{AA'}\eta_{B'} = \nabla_{AA'}\eta_{B'} - \gamma_{AB'}\eta_{A'}$$

其中

$$\gamma_{AA'} = \Omega^{-1}\nabla_{AA'}\Omega = \nabla_a \lg \Omega$$

这些法则确定了我们处理多个下标的量（每个指标一项）的方式。
（上标有对应处理方式，但这里不需要。）

　　我们选择无质量场 $\phi_{ABC\cdots E}$ 的标度为

$$\hat{\phi}_{ABC\cdots E} = \Omega^{-1}\phi_{ABC\cdots E}$$

用上面的约定，我们看到

$$\hat{\nabla}^{AA'}\hat{\phi}_{ABC\cdots E} = \Omega^{-3}\nabla^{AA'}\phi_{ABC\cdots E}$$

于是，不论哪边为零，另一边也为零，只要满足无质量自由场方程是标
度不变的。对有源的麦克斯韦方程，我们发现整个系统 $\nabla^{A'B}\varphi_B^A = 2\pi J^{AA'}$，
$\nabla_{AA'}J^{AA'} = 0$ 的共形不变性（见 A2 的 P&R 5.1.52，5.1.54）由下面的标度
保证：

$$\hat{\varphi}_{AB} = \Omega^{-1}\varphi_{AB} \quad \text{和} \quad \hat{J}^{AA'} = \Omega^{-4}J^{AA'}$$

因为我们看到

$$\hat{\nabla}^{A'B'}\hat{\varphi}_B^{\ A} = \Omega^{-4}\nabla^{A'B}\varphi_B^{\ A} \ \text{和} \ \nabla^{AA'}\hat{J}_{AA'} = \Omega^{-4}\nabla^{AA'}J_{AA'}$$

A7. 杨－米尔斯场

　　杨－米尔斯方程构成了我们当今关于基本粒子强弱相互作用的认识基础。更重要的是，只要我们忽略可以通过希格斯（Higgs）场的后续作用而生成的质量，那么这些方程也是共形不变的。杨－米尔斯场强度可以用一个张量（"丛曲率"）来表示：

$$F_{ab\Theta}^{\quad \Gamma} = -F_{ba\Theta}^{\quad \Gamma}$$

其中抽象指标 $\boldsymbol{\Theta}$，$\boldsymbol{\Gamma}$，… 指与粒子对称性相关的内禀对称群［U（2），SU（3）或其他群］。我们可以用旋量 $\varphi_{AB\Theta}^{\quad \Gamma}$（P&R5.5.36）表示丛曲率：

228

$$F_{ab\Theta}^{\quad \Gamma} = \varphi_{AB\Theta}^{\quad \Gamma}\varepsilon_{A'B'} + \overline{\varphi}_{A'B'\Theta}^{\quad \Gamma}\varepsilon_{AB}$$

对幺正内禀群，这里内禀下标的复共轭变为内禀上标，反之亦然。场方程将其镜像反射为麦克斯韦方程，这里我们提供了额外的内禀指标。于是，麦克斯韦理论的共形不变性也适用于杨－米尔斯方程，因为内禀指标 $\boldsymbol{\Theta}$，$\boldsymbol{\Gamma}$，… 不受共形标度的影响。

A8. 零静止质量能量张量的标度

　　应该指出，对迹为零的能量张量 T_{ab}（$T_a^{\ a} = 0$）而言，我们发现标度

（P&R5.9.2）

$$\hat{T}_{ab} = \Omega^{-2} T_{ab}$$

将保持守恒方程 $\nabla^a T_{ab} = 0$，因为我们看到

$$\hat{\nabla}^a \hat{T}_{ab} = \Omega^{-4} \nabla^a T_{ab}$$

在麦克斯韦理论中，我们有一个用 F_{ab} 表示的能量张量，它可以变换为如下旋量形式（P&R5.2.4）

$$T_{ab} = \frac{1}{2\pi} \varphi_{AB} \bar{\varphi}_{A'B'}$$

在杨－米理论的情形，我们只是多几个指标：

$$T_{ab} = \frac{1}{2\pi} \varphi_{AB\Theta}{}^{\Gamma} \bar{\varphi}_{A'B'} \Phi_{\Gamma}$$

对无质量标量场，满足我们先前考虑的方程 $\left(\Box + \dfrac{R}{6}\right)\phi = 0$（P&R6.8.30），我们有共形不变性（P&R6.8.32）

$$\left(\Box + \frac{\hat{R}}{6}\right)\hat{\phi} = \Omega^{-3}\left(\Box + \frac{R}{6}\right)\phi$$

其中

$$\hat{\phi} = \Omega^{-1} \phi$$

229 其能量张量（有时称为"新改进的"[A.3]）为（P&R6.8.36）

$$T_{ab} = C\{2\nabla_{A(A'}\phi\ \nabla_{B')}\phi - \phi\ \nabla_{A(A'}\nabla_{B')}\phi + \phi^2\Phi_{ABA'B'}\}$$

$$= \frac{1}{2}C\{4\nabla_a\phi\ \nabla^a\phi - g_{ab}\nabla_c\phi\ \nabla^c\phi - 2\phi\ \nabla_a\nabla_b\phi + \frac{1}{6}R\phi^2 g_{ab} - \phi^2 R_{ab}\}$$

C为正常数，满足需要的条件

$$T_a{}^a = 0,\ \nabla^a T_{ab} = 0,\ 和\ \hat{T}_{ab} = \Omega^{-2}T_{ab}$$

A9. 外尔张量共形标度

共形旋量Ψ_{ABCD}隐含了时空共形曲率的信息，是共形不变的（P&R6.8.4）

$$\hat{\Psi}_{ABCD} = \Omega^{-1}\Psi_{ABCD}$$

注意这里的共形不变与满足无质量自由场方程的要求，有一点奇怪（却很重要）的偏差，在那儿，右边应该多一个因子Ω^{-1}。为融合这点偏差，我们可以定义一个处处与Ψ_{ABCD}成正比的量ψ_{ABCD}，其标度遵从

$$\hat{\psi}_{ABCD} = \Omega^{-1}\psi_{ABCD}$$

我们还发现真空（$T_{ab}=0$）中引力子的"薛定谔方程"[A.4]（P&R4.10.9）

$$\nabla^{AA'}\psi_{ABCD} = 0$$

也是共形不变的。在3.2节，以上方程写作

$$\nabla \mathbf{K} = 0$$

相应于外尔张量 C_{abcd}（A3，P&R4.6.41），我们可以定义

$$K_{abcd} = \psi_{ABCD}\, \varepsilon_{A'B'}\, \varepsilon_{C'D'} + \overline{\psi}_{A'B'C'D'}\, \varepsilon_{AB}\, \varepsilon_{CD}$$

其对应的标度为（在3.2节中写作 $\hat{C} = \Omega^2 C$ 和 $\hat{K} = \Omega\mathbf{K}$）

230

$$\hat{C}_{abcd} = \Omega^2 C_{abcd}, \quad \hat{K}_{abcd} = \Omega K_{abcd}$$

附录B　界面处的方程

　　和附录A一样，我们遵从以前的约定，包括抽象指标（参见 Penrose and Rindler，1984，1986），不过这儿的宇宙学常数用 Λ 而不用 λ。那部书里的标量曲率" Λ "在这儿为 $R/24$。下面的具体分析，在某些方面是不完全的，也不是最后确定的，那些建议很可能需要改进和更完备的处理。不过，我们看来已经有了确定的经典方程，使我们能以和谐一致且完全确定的方式从一个世代的遥远未来续到下一个世代的大爆炸之后的区域。

B1.　度规 $\hat{g}_{ab}$，g_{ab} 和 $\check{g}_{ab}$

　　我们根据第3部分的思想，来考察穿越界面3-曲面 $\mathscr{R}$ 的一个邻

域。我们曾假定包含 $\mathscr{X}$ 的光滑时空存在一个"颈圈" $\mathscr{C}$ ，它可以向 $\mathscr{X}$ 的过去和未来两个方向延伸，而在界面 $\mathscr{B}$ 之前只存在无质量场。我们在颈圈内选取光滑度规 g_{ab} ，并至少在局域上、以某种初始任意的方式满足给定的共形结构。令爱因斯坦的物理度规在 $\mathscr{X}$ 之前的4-区域 231 $\hat{\mathscr{C}}$ 中为 $\hat{g}_{ab}$ ，而在紧跟 $\mathscr{X}$ 的4-区域 $\check{\mathscr{C}}$ 中为 $\check{g}_{ab}$ ，其中

$$\hat{g}_{ab}=\Omega^2\mathrm{g}_{ab} \quad \text{和} \quad \check{g}_{ab}=\omega^2\mathrm{g}_{ab}$$

（注意，这里与3.2节的约定不尽相同，爱因斯坦物理度规 g_{ab} 没有"戴帽"。不过，附录A中的具体公式仍然成立。）为方便记忆，我们不妨将符号"ˆ"和"ˇ"与 $\mathscr{X}$ 的时空点上的对应部分的零锥联系起来。在每个那样的区域里，我们假定固定宇宙学常数 Λ 的爱因斯坦方程成立，还假定所有引力源在更早的区域 $\hat{\mathscr{C}}$ 中都是无质量的，因而其能量张量 $\hat{T}_{ab}$ 是无迹的。

$$\hat{T}_a{}^a=0$$

　　因为后面马上出现的理由，我用不同的字母 $\check{U}_{ab}$ 来表示 $\check{\mathscr{C}}$ 中能量张量，而且会看到（为了保持形式的一致），这个张量实际上将获得一个很小的迹

$$\check{U}_a{}^a=\mu$$

这样，在 $\check{\mathscr{C}}$ 中会出现一个能量张量的静止质量分量。可以猜想，这与 Higgs 机制的静止质量生成有关[B.1]，但这里不探讨那个思想。（应该

指出，"戴帽"的量，如$\hat{T}_{ab}$等等，分别通过$\hat{g}^{ab}$和$\hat{g}_{ab}$，或相应的$\hat{\varepsilon}^{AB}$，$\hat{\varepsilon}^{A'B'}$，$\hat{\varepsilon}_{AB}$和$\hat{\varepsilon}_{A'B'}$，而"反戴帽子"的量，如$\check{U}_{ab}$，则通过$\check{g}^{ab}$，$\check{g}_{ab}$，$\check{\varepsilon}^{AB}$和$\check{\varepsilon}^{A'B'}$，$\check{\varepsilon}_{AB}$和$\check{\varepsilon}_{A'B'}$，提升或下降其指标。）爱因斯坦方程分别在区域$\hat{\mathscr{C}}$和$\check{\mathscr{C}}$成立，于是我们有"戴帽"和"反戴帽"的形式：

$$\check{E}_{ab} = 8\pi G \hat{T}_{ab} + \Lambda \hat{g}_{ab}$$

$$\hat{E}_{ab} = 8\pi G \check{U}_{ab} + \Lambda \check{g}_{ab}$$

232

这里我假定两个区域有相同的宇宙学常数[B.2]，于是

$$\hat{R} = 4\Lambda, \quad \check{R} = 4\Lambda + 8\pi G\mu$$

这时，跨3维穿越界面$\mathscr{X}$的度规g_{ab}是完全自由选择的，但是光滑的，而且与给定的$\check{\mathscr{C}}$和$\hat{\mathscr{C}}$的共形结构一致。然后，我提出一个建议，它看起来能以某种正则而恰当的方式唯一确定度规g_{ab}的标度，这样就可以最终选定一个确定的$\mathbf{g}_{ab}$，我用标准的斜体记号"g_{ab}"来表示。另外，不论$\mathbf{g}_{ab}$是否确定为g_{ab}，我都用标准的斜体符号来表示曲率量R_{abcd}等。

B2. $\hat{\mathscr{C}}$的方程

下面，我先考虑区域$\hat{\mathscr{C}}$的方程，然后再处理区域$\check{\mathscr{C}}$（见B11）。我们可以将爱因斯坦（和里奇）张量的变换法则（P&R 6.8.24）写成

$$\hat{\Phi}_{ABA'B'} - \Phi_{ABA'B'} = \Omega \nabla_{A\,(A'} \nabla_{B')\,B} \Omega^{-1} = -\Omega^{-1} \hat{\nabla}_{A\,(A'} \hat{\nabla}_{B')\,B} \Omega$$

和（P&R6.8.25）

$$\Omega^2 \hat{R} - R = 6\Omega^{-1} \square \Omega$$

即

$$\left(\square + \frac{R}{6}\right)\Omega = \frac{1}{6} R \Omega^3$$

最后这个方程有着特别的纯数学趣味，是所谓的卡拉比（Calabi）方程的一个例子[B.3]。但它也有物理学的意义，是一个共形不变自耦合标量场 ϖ 的方程，在 $R=4\Lambda$，可以写成

$$\left(\square + \frac{R}{6}\right)\varpi = \frac{2}{3}\Lambda\varpi^3$$

我将在下面说明，这个" ϖ 方程"的每个解为我们提供一个新度规 $\varpi^2 g_{ab}$，其标量曲率有常数值 4Λ。ϖ 方程的共形不变性体现在如下事实：如果我们选择一个新共形因子 $\tilde{\Omega}$，并从 g_{ab} 变换到新共形相关的度规 $\tilde{g}_{ab}$，

$$g_{ab} \mapsto \tilde{g}_{ab} = \tilde{\Omega}^2 g_{ab}$$

那么 ϖ 场的共形标度

$$\widetilde{\varpi} = \widetilde{\Omega}^{-1} \varpi$$

给我们如下方程（A8已经说过；见P&R6.8.32）

$$\left(\widetilde{\Box} + \frac{\widetilde{R}}{6}\right)\widetilde{\varpi} = \widetilde{\Omega}^{-3}\left(\Box + \frac{R}{6}\right)\varpi$$

由此可直接得到我们需要的非线性 ϖ 方程的标度不变性。（注意，当 $\widetilde{\Omega}=\Omega$ 和 $\varpi = \Omega$ 时，我们回到爱因斯坦的 $\hat{g}_{ab}$ 度规，$\widetilde{\varpi}=1$，方程变成恒等式 $\frac{2}{3}\Lambda = \frac{2}{3}\Lambda$ 。）

我们在A8看到，对这样的一个物理 ϖ 场，其能量张量在无 ϖ^3 项时为（P&R6.8.36）

$$T_{ab}\left[\,\varpi\,\right] = C\{2\nabla_{A(A'}\varpi\,\nabla_{B')}\,\varpi - \varpi\,\nabla_{A(A'}\nabla_{B')}\,\varpi + \varpi^2\Phi_{ABA'B'}\}$$
$$= C\,\varpi^2\{\,\varpi\,\nabla_{A(A'}\nabla_{B')B}\,\varpi^{-1} + \Phi_{ABA'B'}\}$$

其中 C 为常数。而且，我们还发现在 ϖ 方程中，ϖ^3 项不会破坏守恒方程 $\nabla^a T_{ab}\left[\,\varpi\,\right]=0$，所以我们也用它来表达 ϖ 场的能量张量；为与下面的讨论一致，我选择

$$C = \frac{1}{4\pi G}$$

与上面（P&R6.8.24，B2）比较，我们从度规 $\hat{g}_{ab}$ 的爱因斯坦方程

$$\hat{\Phi}_{ABA'B'} = 4\pi G\hat{T}_{ab}$$

看到

$$T_{ab}[\,\Omega\,]=\frac{1}{4\pi G}\Omega^2\hat{\Phi}_{ABA'B'}=\Omega^2\hat{T}_{ab}$$

对无迹的能量张量，我们看到标度 $\hat{T}_{ab}=\Omega^{-2}T_{ab}$（A8,P&R5.92）保持守恒方程，于是我们得到一种多少有些令人惊奇的爱因斯坦理论的新形式：对无质量引力源 T_{ab}，关于 $\mathfrak{g}_{ab}$ 度规的方程为

$$T_{ab}=T_{ab}[\,\Omega\,]$$

B3. 幽灵场的作用

Ω 可以看作无质量自耦合共形不变场 ϖ 的一个特殊情形，我称它为 *幽灵场*[B.4]。它没有提供在物理上独立的自由度，其出现（在 $\mathfrak{g}_{ab}$ 度规下）只是允许我们进行自由标度，从而重新标度物理度规而获得一个与爱因斯坦度规共形的光滑度规 $\mathfrak{g}_{ab}$，光滑地覆盖相邻世代之间的每一个交集。有了这样一个覆盖3维跨界曲面的度规，我们就能通过具体的经典微分方程，详细研究满足CCC要求的世代之间的确定联络。

幽灵场的角色就是告诉我们如何标度度规 $\mathfrak{g}_{ab}$ 回到物理度规（通过 $\hat{\mathfrak{g}}_{ab}=\Omega^2\mathfrak{g}_{ab}$），从而"跟踪"爱因斯坦真实的物理度规。这样，我们可以说爱因斯坦方程在前一世代的界面空间 $\hat{\mathscr{C}}$ 成立，不过这时用度规 $\mathfrak{g}$ 来表达为 $T_{ab}=T_{ab}[\,\Omega\,]$；就是说，我们表达爱因斯坦方程，要求时空区域 $\hat{\mathscr{C}}$ 内的所有物理场（假定无质量且有正确的共形标度）的总能量

张量 T_{ab} 必须等于幽灵场的能量张量 $T_{ab}[\Omega]$。尽管可以简单把这看作爱因斯坦理论的新形式（用 g_{ab}），但它还有更微妙的东西。它允许我们将方程拓展到甚至超越它的未来边界 $\mathscr{I}^+$。但是，为了有效实现这一点，我们需要更仔细地考察相关物理量的方程和它们在接近 $\mathscr{N}$ 时的预期行为。而且，我们还需要认识并且清除 g 度规（即共形标度 Ω）的自由度——那起初是为了我们感兴趣的"颈圈"$\mathscr{C}$ 而多少有些随意地选择的。²³⁵

就眼下情形，共形标度 Ω 确实有一个值得关注的自由度。迄今为止，我们需要 Ω 满足如下条件：从爱因斯坦物理度规 $\hat{g}_{ab}$ 得到的度规 $g_{ab}=\Omega^{-2}\hat{g}_{ab}$ 在穿过 $\mathscr{N}$ 时是有限、非零且光滑的。尽管如此要求 Ω 的存在显得有些过分，Helmut Friedrich[B.5] 也得到过很强的结果，使我们可以预期，在正宇宙学常数时，在无质量源的完全膨胀宇宙模型中，无质量辐射场的所有自由度都包含在光滑（类空）的 $\mathscr{I}^+$ 之中。换句话说，我们相信可以找到 $\mathscr{C}$ 的一个光滑未来共形边界 $\mathscr{I}^+$，这是无限膨胀模型的一个多少有些自然的结果，其中所有引力源都遵从共形不变方程传播的无质量场。这里应该指出，不需要度规 g 的标量曲率 R 为常数，当然更不需要 $R=4\Lambda$，于是带我们回到爱因斯坦 $\hat{g}_{ab}$ 度规的共形因子 Ω^{-1} 不必满足 $\hat{g}$ 度规下的 ϖ 方程 $\left(\hat{\Box}+\frac{1}{6}\hat{R}\right)\varpi=\frac{2}{3}\Lambda\varpi^3$。

B4. $\mathscr{N}$ 的法向量 N

我们看到，从下面趋近 $\mathscr{I}^+(=\mathscr{N})$ 时，$\Omega\to\infty$，因为 Ω 的作用就是为 $\mathscr{I}^+$ 处的有限度规 g 提供一个无限大的标度，变成前一个世代的遥远未来。然而，我们发现量

$$\omega = - \Omega^{-1}$$

以光滑的方式（因为下面的理由，负号是必须的）从下面趋于零，从而使

$$\nabla^a \omega = N^a$$

在3维界面 $\mathscr{K}$（$= \mathscr{I}^+$）上非零，于是为我们在 $\mathscr{K}$ 的时空点上提供了 $\mathscr{K}$ 的未来方向的类时4维法向量 **N**。

我们的意思是，让这个特殊的"ω"连续光滑地从区域 $\hat{\mathscr{C}}$ 通过 $\mathscr{K}$ 进入区域 $\check{\mathscr{C}}$，而且有非零导数，从而真正变成同样的（正的）量"ω"（因为这一点，"$\omega = - \Omega^{-1}$"中的负号是必须的）。还应该指出，"正规化"条件（P&R 9.6.17）

$$\mathfrak{g}_{ab} = N^a N^b = \frac{1}{3} \Lambda$$

在只有无质量源引力场时，是共形无限远（这里即 $\mathscr{K}$）的一个自动的一般性质，于是

$$\left(\frac{3}{\Lambda} \right)^{\frac{1}{2}} \mathbf{N}$$

是 $\mathscr{K}$ 的单位法向量，与共形因子的特殊选择无关。

B5.事件视界区域

顺便说一句，我们看到可以很容易从这儿导出3.5节中提到的一个事实：任意宇宙学事件视界的截面的极限面积必然等于$12\pi/\Lambda$。任何事件视界（在前一个世代的）都是$\mathscr{K}$上某个永恒观测者的未来终点o^+的过去光锥$\mathcal{C}$，与2.5节说的一样（见图2.43）。于是，从下面趋近o^+时，$\mathcal{C}$的截面的极限面积为$4\pi r^2$，这里r（在g度规下）是截面的空间半径。在$\hat{g}_{ab}$度规的情形，这个面积为$4\pi r^2\Omega^2$；我们还容易从以上的讨论（B4）看到，当截面趋近o^+时，Ωr的极限趋于$\left(\frac{1}{3}\Lambda\right)^{-\frac{1}{2}}$，于是我们需要的事件视界的面积实际上等于$4\pi\times(3/\Lambda)=12\pi/\Lambda$。（尽管论证是在CCC背景下进行的，我们所要求的只是类空共形无限远具有很小程度的光滑性，正如Friedrich证明的，[B.6]这在$\Lambda>0$时是一个很弱的假定。）

237

B6. 倒数建议

我们的特殊情形当然存在缺陷：在描述从$\hat{\mathscr{C}}$到$\check{\mathscr{C}}$的过渡时，不论Ω还是ω，我们都没有光滑变化的量——它们以均匀的方式描述回到爱因斯坦度规$\hat{g}_{ab}$和$\check{g}$的标度。但恰当解决这个问题，需要利用前面提到过的倒数建议$\omega=-\Omega^{-1}$，然后我们很方便考虑如下定义的1-形式$\boldsymbol{\Pi}$：

$$\boldsymbol{\Pi}=\frac{d\Omega}{\Omega^2-1}=\frac{d\omega}{1-\omega^2}$$

即

$$\boldsymbol{\Pi}_a = \frac{\nabla_a \Omega}{\Omega^2 - 1} = \frac{\nabla_a \omega}{1 - \omega^2}$$

只要我们坚持倒数建议所蕴含的假设,这个1–形式在穿过$\mathscr{X}$时是有限而连续的。这个量$\boldsymbol{\Pi}$包含了时空的度规标度信息,尽管(必然)有些许的模糊。[B.7] 我们可以综合出一个参数τ,使

$$\boldsymbol{\Pi} = \mathrm{d}\tau, \; -\coth \tau = \Omega \; (\tau < 0), \; \tanh \tau = \omega \; (\tau \geqslant 0)$$

我们看到,即使这儿也有符号改变的老问题,因为尽管$\boldsymbol{\Pi}$对以Ω^{-1}取代Ω(或ω^{-1}取代ω)并不敏感,但从Ω^{-1}到ω还是有符号改变。不管怎么说,我们可以认为共形因子的符号无关紧要,因为在$\hat{g}_{ab} = \Omega^2 g_{ab}$和$\check{g}_{ab} = \omega^2 g_{ab}$的新标度中,共形因子$\Omega$和$\omega$是以平方出现的,所以即使用正号而不用负号,也可以认为只是一个习惯问题。不过,正如我们在附录A中说的,还有很多量是用非平方的Ω(或ω)标度的,最突出的是标度$\Psi_{ABCD} = \psi_{ABCD}$与$\hat{\psi}_{ABCD} = \Omega^{-1}\psi_{ABCD}$之间的差别,导致在空间$\hat{\mathscr{C}}$中

$$\Psi_{ABCD} = \Omega^{-1}\psi_{ABCD} \; 即 \; \mathbf{C} = \Omega^{-1}\mathbf{K}$$

因为那儿的爱因斯坦物理度规为$\hat{g}_{ab}$,使我们有

$$\hat{\Psi}_{ABCD} = \hat{\psi}_{ABCD} \; 即 \; \hat{\mathbf{C}} = \hat{\mathbf{K}}$$

(这个约定不同于我们在3.2节的约定,因为现在爱因斯坦方程是在戴帽的度规下成立的。)于是,考虑到物理量在穿过$\mathscr{X}$的光滑行为(Ω和ω分别在通过∞和0时改变符号),我们必须小心跟踪这些符号

的物理意义。

　　然而，这里利用的 Ω 和 ω 之间明确的倒数关系依赖于 $\mathfrak{g}_{ab}$ 度规标度的严格选择，即满足条件

$$R = 4\Lambda$$

正相应于 $\hat{R} = 4\Lambda = \check{R} - 8\pi G\mu$（见 B1）。这个标度至少很容易局域地调整，只需要为 $\mathscr{C}$ 选一个新的（局域的）度规 $\tilde{\mathfrak{g}}_{ab}$，满足

$$\tilde{g}_{ab} = \tilde{\Omega}^2\,\mathfrak{g}_{ab}$$

其中 $\tilde{\Omega}$ 是 ϖ 方程在界面的光滑解。但是，ϖ 方程有很多可能的 $\tilde{\Omega}$ 解可以选择，所以这个 $\tilde{g}$ 度规还不是我们寻找来以正则方式覆盖界面的唯一 g 度规。我们马上将看到需要度规 $\mathfrak{g}_{ab}$ 满足的进一步的要求。现在，我们只假定 $\mathfrak{g}_{ab}$ 度规的选择满足 $R = 4\Lambda$（即我们重新将上面的 $\mathfrak{g}_{ab}$ 作为 $\mathfrak{g}_{ab}$ 的新选择）。如果没有 $R = 4\Lambda$ 的限制，Ω 和 ω 之间的倒数关系就不可能精确，尽管对我们指望从托德建议[B.8]（见 2.6 节的末尾和 3.1，3.2 节）寻找的那种类型的标度因子 ω 来说，在以纯辐射为引力源的大爆炸情形（与托尔曼的充满辐射的解一样，见 3.3 节）[B.9]，标度因子在趋近过去的大爆炸极限时，其行为真就像与前一个世代的某个 Ω 239 标度因子的光滑延拓的倒数成正比。对 $\mathscr{X}$ 中的 $\mathscr{C}$ 的度规，选择 $R = 4\Lambda$，就是为了将这个比例因子固定为（−）1。这一点可以用下面的事实来说明：关系

$$\Omega = \frac{\nabla^a \Pi_a}{\frac{2}{3}\Lambda - 2\Pi_b \Pi^b}$$

依赖于对共形因子 Ω 的限定，即要求它转换为其倒数的负数 $\omega = -1/\Omega$ 而不是（例如）$-A/\Omega$。上面的关系多少有些令人惊奇，它出现在我们用散度算子 ∇^a 作用于 Π_a，然后用 Ω 的 $\varpi-$方程。当这个限制用于 R，即选择 Π 的某个特殊形式 [而不是一般的形式，如 $d\Omega/(\Omega^2 - A)$] 时，就会有上面的关系。注意在 $\mathscr{X}$（那儿 $\Omega = \infty$），我们必须有

$$\Pi_b \Pi^b = \frac{1}{3}\Lambda$$

还有 $\Pi_a = \nabla_a \omega = N_a$，即 $\mathscr{X}$ 的法向长度为 $\sqrt{\Lambda/3}$，正如前面指出的（P&R 9.6.17）。

B7.　跨 $\mathscr{X}$ 的动力学

　　凭什么相信我们的动力学方程允许我们以毫不含糊的方式穿过 $\mathscr{X}$ 呢？我假定爱因斯坦方程在前一世代的遥远未来成立，不过所有的源都是无质量的，而且遵从确定的决定性的共形不变的经典方程演进。我们可以假定那些方程是麦克斯韦方程、无质量的杨－米尔斯方程和狄拉克－外尔类型的方程 $\nabla^{AA'}\phi_A = 0$（狄拉克方程的零质量极限），有些粒子作为规范场的源，根据 §3.2，在静止质量趋于零时，它们都取极限形式。它们与引力场的耦合，表达在方程 $T_{ab} = T_{ab}[\Omega]$ 中，其中 Ω 是幽灵场。我们知道，$T_{ab}[\Omega]$ 在 $\mathscr{X}$ 应该是有限的，尽管 Ω 在那儿是无限大，因为 T_{ab} 本身在 $\mathscr{X}$ 应该是有限的，蕴涵在 T_{ab} 中的场的传播是共形不变的，因而与 $\mathscr{X}$ 在 $\mathscr{C}$ 中的位置没有特别的关系。CCC 的

建议是，只要情形不会变得更复杂，例如通过希格斯机制（或其他什么更准确的可能方式）从寻常的引力源获取质量，那么那些物质源的同样的共形不变方程一定会延续到大爆炸之后的区域$\mathscr{C}^{\smile}$。不过，我们将看到，在穿过$\mathscr{X}$之后不久，即使对那种罕见的假想情形，我们也不能避免静止质量以某种形式出现（见B11）。

B8. 共形不变D_{ab}算子

为理解场源对$\mathscr{C}^{\smile}$的物理意义，认识那个区域的爱因斯坦方程是如何运行的，我们先来具体看看$T_{ab}[\Omega]$：

$$T_{ab}[\Omega] = \frac{1}{4\pi G}\Omega^2\{\Omega\nabla_{A(A'}\nabla_{B')B}\Omega^{-1} + \Phi_{ABA'B'}\}$$

因为$\omega = -\ \Omega^{-1}$，它可以写成

$$\{\nabla_{A(A'}\nabla_{B')B} + \Phi_{ABA'B'}\}\omega = 4\pi G\ \omega^3\ T_{ab}[\Omega]$$

这是一个有趣的方程，趣味就在于左边的2阶算子

$$D_{ab} = \nabla_{(A|(A'}\nabla_{B')|B)} + \Phi_{ABA'B'}$$

作用于共形权重为1的标量时（这儿的算子作用于标量时，AB的额外对称不起作用），是共形不变的 —— 最早指出这一点的是Eastwood和Rice。[B.10]它可以用张量表示为（用R_{ab}的符号约定）

241

$$D_{ab} = \nabla_a \nabla_b - \frac{1}{4} \mathfrak{g}_{ab} \square - \frac{1}{2} R_{ab} + \frac{1}{8} R \mathfrak{g}_{ab}$$

量ω确实有共形权重1，因为假如 $\mathfrak{g}_{ab}$ 依照

$$\mathfrak{g}_{ab} \mapsto \widetilde{g}_{ab} = \widetilde{\Omega}^2 \mathfrak{g}_{ab}$$

进一步重新标度，然后用 $\widetilde{g}$ 度规下的 $\widetilde{\omega}$ 定义来镜像反射 $\mathfrak{g}$ 度规下的ω，

$$\widetilde{g}_{ab} = \widetilde{\omega}^2 \hat{g}_{ab} \text{ 镜像反射 } \mathfrak{g}_{ab} = \omega^2 \hat{g}_{ab}$$

则我们看到

$$\omega \mapsto \widetilde{\omega} = \widetilde{\Omega} \omega$$

（即ω有共形权重1）。于是

$$\widetilde{D}_{ab} \widetilde{\omega} = \widetilde{\Omega} D_{ab} \omega$$

我们可以用算子形式来表示这个共形不变性

$$\widetilde{D}_{ab} \circ \widetilde{\Omega} = \widetilde{\Omega} \circ D_{ab}$$

$\hat{g}$ 度规的爱因斯坦方程，可用以上算子用 $\mathfrak{g}$ 度规写出来：

$$D_{ab} \omega = 4\pi G \omega^3 T_{ab}$$

它告诉我们，如果 T_{ab}（我们相信）在穿过 $\mathscr{K}$ 时是光滑的，则量 $D_{ab}\omega$ 本身在穿过 $\mathscr{C}$ 时必然在3阶项为零。特别是，$D_{ab}\omega=0$ 在 $\mathscr{K}$ 上为零的事实告诉我们，

$$\nabla_{A|(A'}\nabla_{B')|B}\omega\left(=-\omega\Phi_{ABA'B'}\right)=0$$

我们还可以将它重写为（在 $\mathscr{K}$ 上）

$$\nabla_{(a}N_{b)}=\frac{1}{4}g_{ab}\nabla_c N^c$$

（其中，和 B4 一样，$N_c=\nabla_c\omega$），它告诉我们 $\mathscr{K}$ 的法向在 $\mathscr{K}$ 上是"无剪切的"，这是 $\mathscr{K}$ 在它的每一点都是"脐点"的条件。[B.11]

242

B9. 保持引力常数为正

如果考察无质量引力源场（如 T_{ab} 描述的）与引力场（或"引力子场"）ψ_{ABCD} 之间的的相互作用（如 A5 的方程 P&R 4.10.12，"戴帽"形式的或用 $\omega=-\Omega^{-1}$ 写的），我们可以更好地理解 CCC 所蕴涵的物理意义。我们有

$$\nabla^A_{B'}\left(-\omega\,\psi_{ABCD}\right)=4\pi G\nabla^{A'}_B\left[\left(-\omega\right)^2 T_{CDA'B'}\right]$$

我们可以由此导出等价的方程，用"戴帽"的量，可以写成

$$\nabla^A_{B'}\psi_{ABCD}=-4\pi G\{\omega\nabla^{A'}_B T_{CDA'B'}+3N^{A'}_B T_{CDA'B'}\}$$

我们看到，当ω光滑通过零（由负变正）时，这个方程还保持着良好的行为。这说明了一个事实：决定整个系统演化的一族方程，在g度规下，从$\mathcal{C}$通过$\mathcal{X}$到$\check{\mathcal{C}}$时，确实不会遇到困难。

　　想象我们在进入$\check{\mathcal{C}}$时回到原来的$\check{g}$度规。于是（除了在$\mathcal{X}$的初始"脉冲"），经典方程呈现给我们的时空$\check{\mathcal{C}}$的演化图像，将是一个坍缩的宇宙模型，以反指数方式从无限远向内收缩，看起来很像我们自己宇宙的遥远未来的样子。不过，这儿有一个重要的解释问题，因为当ω改变符号（从负到正）时，"有效引力常数"（特别看上面公式里的$-G\omega$，当ω变大时，右边第一项将起主导作用）在穿过$\mathcal{X}$时会改变符号。[B.12] CCC为我们提供的另一个解释是，考虑到与量子场论的一致性等因素，关于早期$\check{\mathcal{C}}$区域的物理的特殊解释（具有负引力常数），在引力相互作用变得重要时，不可能以物理方式保持下来。相反，
243 CCC的观点是，当我们继续深入$\check{\mathcal{C}}$区域时，用$\check{g}$度规提供的物理解释更为恰当，这时，当下的正共形因子ω取代了当下的负共形因子Ω，有效引力常数也就又变成正数了。

B10. 清除虚假g度规自由度

　　这里生出一个问题：根据CCC的要求，我们需要唯一的进入$\check{\mathcal{C}}$的演化。假如没有共形因子的随意性产生的令人讨厌的多余自由度，这本来是不成问题的。眼下，这种自由给我们带来一个虚假的自由度，它会不恰当地影响$\check{\mathcal{C}}$的非共形不变的引力动力学。为了让通过$\mathcal{X}$的演化独立于非$\check{\mathcal{C}}$的物理所决定的那些额外条件，我们需要清除虚假的自由度。在$\check{g}$度规选择中的虚假"规范自由"可以表示为一个共形

因子$\widetilde{\Omega}$，它可以用于g_{ab}而为我们提供一个新的g_{ab}度规（与我们前面的度规一致）：

$$\mathfrak{g}_{ab} \mapsto \widetilde{g}_{ab} = \widetilde{\Omega}^2 \mathfrak{g}_{ab}$$

和前面一样，我们在这儿用了

$$\omega \mapsto \widetilde{\omega} = \widetilde{\Omega}\omega$$

到此为止，我们只要求$\widetilde{\Omega}$是$\mathscr{C}$上（至少在局域碎片上）光滑变化的正值标量场，满足$\mathfrak{g}$度规的 ϖ 方程——这个要求是为了满足标量曲率$\widetilde{R}$保持为4Λ。ϖ 方程是标准的二阶双曲方程，所以我们指望能得到$\widetilde{\Omega}$的唯一解（在足够细小的颈圈$\mathscr{N}$内），只要$\widetilde{\Omega}$的值和它的法向导数的值[244]都能确定为$\mathscr{N}$上的光滑函数。如果我们知道如何选择这些值才能得到某个具有独特性质的$\widetilde{g}$度规，那么结果是直截了当的。于是问题来了：我们该为度规限定什么条件，才能清除这些虚假的自由度？

然而，我们无法做到为$\widetilde{g}$度规强加一个条件（也许还需要$\widetilde{\omega}$场），让它能共形不变且能保持$\widetilde{R}=4\Lambda$标度。这样，考虑一个平凡的例子，我们不能根据我们的需要而要求$\widetilde{g}$度规的标量曲率$\widetilde{R}$具有任何4Λ以外的数值，而要求它恰好具有4Λ的值也不代表对任何场的任何附加条件，因而不能作为进一步的限制来消减我们想清除的虚假自由度。同样的情形（更微妙）也适用于我们对法向的限制：我们不能要求$\mathscr{N}$的法向量$\widetilde{N}^a = \nabla^a\widetilde{\omega}$的平方长度$\widetilde{g}_{ab}\widetilde{N}^a\widetilde{N}^b$具有某个特别的数值（指标用$\widetilde{g}$度规升降）。因为，假如我们选择任何一个不同于$\Lambda/3$的值，那么（如

前面看到的，见P&R9.6.17）这个条件不可能满足；而如果所选数值
真是Λ/3，那么条件不代表任何对虚假自由的限制。

同样的问题还出现在诸如

$$\widetilde{\mathrm{D}}_{ab}\widetilde{\omega}=0$$

的要求，它不代表限定共形因子的任何条件，因为共形不变性（前面
说过）满足

$$\widetilde{\mathrm{D}}_{ab}\omega=\widetilde{\Omega}\mathrm{D}_{ab}\omega$$

这样，$\widetilde{\mathrm{D}}_{ab}\widetilde{\omega}=0$ 等价于 $\mathrm{D}_{ab}\omega=0$。这样说来，像$\widetilde{\mathrm{D}}_{ab}\widetilde{\omega}=0$那样的条件，无
论如何是没有意义的，因为存在几个分量，而我们所要求的东西只代
表$\mathscr{K}$的每个点的两个条件（如在那点确定的$\widetilde{\Omega}$及其法向导数）。而且，
还可以看到（正如上面说的），因为关系$\mathrm{D}_{ab}\omega=4\pi G\omega^3 T_{ab}$，$\mathrm{D}_{ab}\omega$在$\mathscr{K}$
必然在3阶以上消失，即

$$\widetilde{\mathrm{D}}_{ab}\widetilde{\omega}=O(\omega^3)$$

然而，一个看似合理的条件也许是，可以要求在$\mathscr{K}$上$\widetilde{N}^a\widetilde{N}^b\widetilde{\Phi}_{ab}=0$。更
确切说，我们可以将此建议写成

$$\widetilde{N}^a\widetilde{N}^b\widetilde{\Phi}_{ab}=O(\omega)$$

实际上，我们可以要求这个量在 $\mathscr{K}$ 上在2阶消失，即

$$\widetilde{N}^{a}\widetilde{N}^{b}\widetilde{\Phi}_{ab}=O(\omega^{2})$$

它可能为我们提供一个合适的候选条件，以满足我们为了确定 $\widetilde{\Omega}$（从而通过 $g_{ab}=\widetilde{\Omega}^{2}\mathfrak{g}_{ab}$ 确定 g 度规）而对 $\mathscr{K}$ 的每一点的两个要求。根据 D_{ab} 的定义，这些可能条件将等价于要求

$$\widetilde{N}^{AA'}\widetilde{N}^{BB'}\widetilde{\nabla}_{A(A'}\widetilde{\nabla}_{B')}\widetilde{\omega}=O(\omega^{2})\,或\,O(\omega^{3})$$

用张量记号，以上两个不同表达式为

$$\widetilde{N}^{a}\widetilde{N}^{b}\left(\frac{1}{8}\,\widetilde{g}_{ab}-\frac{1}{2}\,\widetilde{R}_{ab}\right)和\,\widetilde{N}^{a}\widetilde{N}^{b}\left(\widetilde{\nabla}_{a}\widetilde{\nabla}_{b}-\frac{1}{4}\,\widetilde{g}_{ab}\widetilde{\Box}\right)\widetilde{\omega}$$

这里我们注意（去掉波浪线）

$$\nabla_{A(A'}\nabla_{B')B}=\nabla_{a}\nabla_{b}-\frac{1}{4}\,g_{ab}\Box$$

我们还看到

$$N^{AA'}N^{BB'}\nabla_{A(A'}\nabla_{B')B}\omega=N^{a}N^{b}\nabla_{a}\nabla_{b}\omega-\frac{1}{4}\,N_{a}N^{a}\Box\omega$$

$$=N^{a}N^{b}\nabla_{a}N_{b}-\frac{1}{2}\,N_{a}N^{a}\{\omega^{-1}(N^{b}N_{b}-\frac{1}{3}\,\Lambda)+\frac{1}{3}\,\Lambda\omega\}$$

这意味着，我们可以添加的一个（或一对）合理条件为

$$N^a N^b \nabla_a N_b = O(\omega) \text{ 或 } O(\omega^2)$$

它能大为简化上面的条件（这里注意，$N^b N_b - \dfrac{1}{3}\Lambda$ 分别在 2 阶和 3 阶为零）。反过来，如果在 $\mathscr{K}$ 上 $N^b N_b - \dfrac{1}{3}\Lambda$ 在 2 阶和 3 阶为零，那么在 $\mathscr{K}$ 上

$$N^a N^b \nabla_a N_b = \frac{1}{2} N^a \nabla_a (N^b N_b) = \frac{1}{2} N^a \nabla_a \left(N^b N_b - \frac{1}{3}\Lambda\right) = 0$$

所以，不管哪个等价条件〔以形式 $\tilde{N}^a \tilde{N}^b \tilde{\nabla}_a \tilde{N}_b = O(\omega)$ 或 $\tilde{N}^b \tilde{N}_b - \dfrac{1}{3}\Lambda = O(\omega^3)$〕都可以认为是我们要求 $\tilde{\Omega}$ 应满足的条件。注意，前面 B6 给出的关系 $\Omega = \nabla^a \Pi_a \Big/ \left(\dfrac{2}{3}\Lambda - 2\Pi_b \Pi^b\right)$ 要求 Ω 在 $\mathscr{K}$ 上有一个简单极点，于是，如果分母 2 阶为零，分子 $\nabla^a \Pi_a$ 必然是 1 阶为零的，实际上，$\tilde{\nabla}^a \tilde{\Pi}_a = O(\omega)$ 也是一个可能的附加条件形式，根据 B8，我们可以想到，当 $4 N^a N^b \nabla_a N_b - N_a N^a \nabla_c N^c = O(\omega)$ 时，在 $\mathscr{K}$ 上有 $\nabla_{(a} N_{b)} = \dfrac{1}{4} g_{ab} \nabla_c N^c$。

在下面 B11 将看到，根据我们的程序，$\check{\mathscr{C}}$ 的能量张量 U_{ab} 必然会得到迹 μ，这意味着会出现静止质量的引力源。然而，我们发现迹在 $3\Pi^a \Pi_a = \Lambda$ 时消失。可以说，当我们尽可能延迟静止质量在大爆炸之后的出现时，CCC 的思想会得到最好的落实。相应地，我们还可以认为

$$3\tilde{\Pi}^a \tilde{\Pi}_a - \Lambda = O(\omega^3)$$

为 $\mathscr{K}$ 的每一点确定了两个恰当的数字，从而可以固定 g 度规。其实我们还发现

$$2\pi G\mu = \omega^{-4}(1-\omega^2)^2(3\Pi^a \Pi_a - \Lambda)$$

（左边注记：246）

如果 $3\boldsymbol{\Pi}^a\boldsymbol{\Pi}_a-\Lambda$ 的零点不是至少为 4 阶的，上式将在 $\mathscr{X}$ 变成无限大。但这不是问题，因为 μ 只出现在 $\check{g}$ 度规，其中 $\mathscr{X}$ 代表奇异大爆炸，在那儿，其他无限曲率量将超越 μ 起主导作用，只要我们取 $3\boldsymbol{\Pi}^a\boldsymbol{\Pi}_a-\Lambda$ 的零点是 3 阶的。

我们看到，为 $\mathscr{X}$ 的每一点附加两个条件，有几种不同的可能，这样我们能以唯一的方式确定 $\widetilde{\Omega}$，从而确定 g 度规。我写本书时，还没能完全确定最恰当的条件（也不知道其中哪些条件独立于其他的条件）。不过，正如前面说的，我倾向 $3\widetilde{\boldsymbol{\Pi}}^a\widetilde{\boldsymbol{\Pi}}_a-\Lambda$ 是 3 阶为零的。

B11. $\check{\mathscr{C}}$ 的物质

为了看清我们的方程在后大爆炸区域 $\check{\mathscr{C}}$ 里像什么样子，我们必须用 "反帽子" 量，以度规 $\check{g}_{ab}=\omega^2 g_{ab}$ 和 $\Omega=\omega^{-1}$ 重写方程。前面说过，我将后大爆炸的总能量张量写成 U_{ab}，以避免混淆于共形复标度的从 $\hat{\mathscr{C}}$ 进入 $\check{\mathscr{C}}$ 的（无质量）物质的能量张量：

$$\check{T}_{ab}=\omega^{-2}T_{ab}$$

$$=\omega^{-4}\hat{T}_{ab}$$

因为 $\hat{T}_{ab}$ 是无迹和无散度的，$\hat{T}_{ab}$ 也必然如此（标度遵从 A8）：

$$\check{T}_a{}^a=0,\ \nabla^a\check{T}_{ab}=0$$

我们将看到，全部后大爆炸能量张量一定包含两个额外的无散度分量，所以

$$\check{U}_{ab} = \check{T}_{ab} + \check{V}_{ab} + \check{W}_{ab}$$

这里，$\check{V}_{ab}$ 是无质量场，它应该是幽灵场 Ω 现在变成了一个实在的 $\check{g}$ 度规的自耦合共形不变场，因为这时 $\varpi = \Omega$ 满足 $\check{g}$ 度规的 ϖ 方程：

$$\left(\Box + \frac{R}{6} \right) \varpi = \frac{2}{3} \Lambda \varpi^3$$

这是必须的，因为 ϖ 方程是共形不变的，并在 g 度规下满足 $\varpi = -1$（在 $\check{g}$ 度规下即变成 $\varpi = -\omega^{-1} = \Omega$）。前面我们考虑 $\widehat{\mathcal{O}}$，将"幽灵场" Ω 看作 ϖ 方程在 g 度规下的一个解，只将它解释为将我们带回物理的爱因斯坦 $\check{g}$ 度规的标度因子；而刚才讲的，正是反过来看问题。在那个度规里，幽灵场只是"1"，因而没有独立的物理内容。现在，我们考虑 Ω 为爱因斯坦度规 $\check{g}_{ab}$ 下的一个实在的物理场，而它作为共形因子的解释要反过来了，因为它告诉我们如何回到 g 度规，在那个度规下，场将为"1"。为了这个解释，共形因子 ω 和 Ω 互为倒数是必须的——尽管我们还需要将负号包括进来。这样，还是 $-\Omega$ 给我们带来了从 $\check{g}_{ab}$ 回到 g_{ab} 的标度。这个"逆转"的解释满足方程，因为在恰当度规下满足 ϖ 方程的是 Ω 而不是 ω。

相应地，张量 V_{ab} 是场 Ω 在 $\check{g}$ 度规下的能量张量：

$$\check{V}_{ab} = \check{T}_{ab} [\Omega]$$

我们看到

$$4\pi G \check{T}_{ab}\left[\,\Omega\,\right] = \Omega^2\{\Omega\nabla_{A(A'}\nabla_{B')B}\Omega^{-1} + \Phi_{ABA'B'}\}$$

$$= \Omega^3 D_{ab}\Omega^{-1} = \omega^{-3}D_{ab}\omega = \omega^{-2}D_{ab}1$$

$$= \omega^{-2}\Phi_{ABA'B'}$$

注意它具有迹和散度为零的性质：

$$\check{V}_a{}^a = 0 \text{ 和 } \nabla^a\check{V}_{ab} = 0$$

　　重要的是，ω 在 g 度规下满足的方程不是 ϖ 方程，因为我们已经看到，满足那个方程的是 Ω，即乘以（ − 1 ）ω 的倒数，从而

$$\left(\Box + \frac{R}{6}\right)\omega^{-1} = \frac{2}{3}\Lambda\omega^{-3}$$

即

$$\Box\omega = 2\omega^{-1}\nabla^a\omega\nabla_a\omega + \frac{2}{3}\Lambda\{\omega - \omega^{-1}\}$$

相应地，ǧ 度规的标量曲率不限于等于 4Λ。相反，我们有（见 B2，P&R 6.8.25，A4）：

$$\check{R} = 4\Lambda + 8\pi G\mu$$

且

$$\omega^2 \check{R} - R = 6\omega^{-1} \Box \omega$$

于是

$$\omega^2 \left(4\Lambda + 8\pi G\mu\right) - 4\Lambda = 6\omega^{-1} \left\{ 2\omega^{-1} \left(\nabla^a \omega \nabla_a \omega - \frac{1}{3}\Lambda\right) + \frac{2}{3}\Lambda\omega \right\}$$

由此我们导出（见B6）

$$\mu = \frac{1}{2\pi G} \omega^{-4} \left(1 - \omega^2\right)^2 \left(3\Pi^a \Pi_a - \Lambda\right)$$

$$= \frac{1}{2\pi G} \left\{ 3\nabla^a \Omega \nabla_a \Omega - \Lambda \left(\Omega^2 - 1\right)^2 \right\}$$

$$= \frac{1}{2\pi G} \left(\Omega^2 - 1\right)^2 \left(3\Pi^a \Pi_a - \Lambda\right)$$

全能量张量 $\check{U}_{ab}$ 满足爱因斯坦方程，所以，除了 $\check{R} = 4\Lambda + 8\pi G\mu$ 外，我们还有

$$4\pi G \check{T}_{(AB)(A'B')} = \Phi_{ABA'B'}$$

因为 $\check{T}_{ab}$ 和 $\check{V}_{ab}$ 都是无迹的，需要 $\check{W}_{ab}$ 把迹找回来：

$$\check{U}_a^{\ a} = \check{W}_a^{\ a} = \mu$$

$$= \frac{1}{2\pi G} \big(3\Pi^a \Pi_a - \Lambda\big)\big(\Omega^2 - 1\big)^2$$

假定以上关于 $\check{U}_a{}^a$, $\check{T}_{ab}$ 和 $\check{V}_{ab}$ 的表达式，我们可以计算 $\check{W}_{ab}$ 如下：

$$4\pi G\check{W}_{ab} = 4\pi G\,\big(\check{U}_{ab} - \check{T}_{ab} - \check{V}_{ab}\big)$$

从而得到下面关于 $4\pi G\check{W}_{ab}$ 的表达式：

$$\frac{1}{2}\big(3\Pi^a\Pi_a + \Lambda\big)\big(\Omega^2 - 1\big)^2 \check{g}_{ab} + 2\big(2\Omega^2 + 1\big)\Omega\nabla_{A(A'}\nabla_{B')B}\Omega$$

$$-2\big(3\Omega^2 + 1\big)\nabla_{A(A'}\nabla_{B')B}\Omega - \Omega^4\Phi_{ab}$$

它需要进一步解释。

B12. $\mathscr{K}$ 的引力辐射

无限共形标度的度规的一个特征在于，当我们从 $\check{\mathscr{C}}$（度规为 $\check{g}_{ab}$）通过 $\mathscr{K}$（度规为 g_{ab}）到 $\check{\mathscr{C}}$（度规为 $\check{g}_{ab}$）时，引力的自由度（初始时在 $\check{g}$ 度规下用 ψ_{ABCD} 描述，通常在 $\mathscr{K}$ 非零）以什么方式转换成 $\check{g}$ 度规下的其他量。因为我们有（A9，P&R6.8.4）

$$\hat{\Psi}_{ABCD} = \Psi_{ABCD} = \hat{\Psi}_{ABCD} = O(\omega)$$

249

共形行为

$$\hat{\Psi}_{ABCD} = \hat{\psi}_{ABCD} = -\omega\psi_{ABCD} = -\omega^2\check{\psi}_{ABCD}$$

告诉我们

$$\psi_{ABCD} = O(\omega^2)$$

从而引力辐射在大爆炸中被大大地抑制了。

然而，在 $\mathscr{C}^{\hat{}}$ 中由 ψ_{ABCD} 描述的引力辐射的自由度并没留下它们在早期阶段的 $\mathscr{C}^{\check{}}$ 的印记。为看清这一点，我们指出，微分如下关系

$$\Psi_{ABCD} = -\omega\psi_{ABCD}$$

可得到

$$\nabla_{EE'}\Psi_{ABCD} = -\nabla_{EE'}(\omega\psi_{ABCD}) = -N_{EE'}\psi_{ABCD} - \omega\nabla_{EE'}\psi_{ABCD}$$

于是，即使外尔曲率在 $\mathscr{X}$ 为零，它的法向导数还是提供了在 $\mathscr{I}^{\check{}}$ 的引力辐射（无引力子）的度量：

在 $\mathscr{X}$ 上，$\Psi_{ABCD} = 0$，$N^e\nabla_e\Psi_{ABCD} = -N^eN_e\psi_{ABCD} = -\dfrac{1}{3}\Lambda\psi_{ABCD}$

另外，根据Bianch恒等式（A5，P&R4.10.7，4.10.8）

$$\nabla^A_{B'}\Psi_{ABCD} = \nabla^{A'}_B\Phi_{CDA'B'} \text{ 和 } \nabla^{CA'}\Phi_{CDA'B'} = 0$$

我们有

$$在 \mathscr{K} 上，\nabla_B^{A'} \Phi_{CDA'B'} = -N_B^A \psi_{ABCD}$$

由此

$$在 \mathscr{K} 上，N^{BB'} \nabla_B^{A'} \Phi_{CDA'B'} = 0$$

算子 $N^{B(B'} \nabla_B^{A')}$ 切向地作用于 $\mathscr{K}$（因为 $N^{B(B'} N_B^{A')} = 0$），所以这个方程代表了一个约束，限定 $\Phi_{CDA'B'}$ 在 $\mathscr{K}$ 上的行为方式。我们还看到

$$N_A^C \nabla_R^D \Phi_{BCB'D'} = -N_A^C N_B^D \psi_{ABCD} \qquad 250$$

由此可见，外尔张量在 $\mathscr{K}$ 的法向导数的电部分

$$N_A^C, N_B^D, \psi_{ABCD} + N_A^{C'}, N_A^{D'}, \psi_{A'B'C'D'}$$

基本上是在 $\mathscr{K}$ 上的

$$N^a \nabla_{[b} \Phi_{c]d}$$

而磁部分

$$i N_A^C N_B^D \psi_{ABCD} - i N_A^{C'} N_B^{D'} \psi_{A'B'C'D'}$$

根本上就是在上 $\mathscr{K}$ 的

$$\varepsilon^{abcd} N_a \nabla_{[b} \Phi_{c]e}$$

（ε^{abcd} 是斜对称Levi-Civita张量），这就是描述 $\mathscr{K}$ 的内禀共形曲率的
Cotton（-York）张量。[B.13]

251

附录
注释

[A.1]   R. Penrose，W. Rindler（1984），*Spinors and space-time*，*Vol. I:Two-spinor calculus and relativistic fields*，Cambridge University Press. R. Penrose，W. Rindler（1986），*Spinors and space-time*，*Vol. II:Spinor and twistor methods in space-time geometry*，Cambridge University Press.

[A.2]   P. A. M. Dirac（1982），*The principles of quantum mechanics*，4 th edn. Clarendon Press［1st edn 1930］. E. M. Corson（1953）*Introduction to tensors*，*spinors*，*and relatavistic wave equations*. Blackie and Sons Ltd.

[A.3]   C. G. Callan，S. Coleman，R. Jackiw（1970），*Ann. Phys. (NY)* **59** 42. E. T. Newman，R. Penrose（1968），*Proc. Roy. Soc.*，Ser. **A 305** 174.

[A.4]   这是在广义相对论线性极限下的旋量 - 2 Dirac-Fierz 方程。P. A. M. Dirac（1982），*The principles of quantum mechanics*，4 th edn. Clarendon Press［1st edn 1930］. M. Fierz，W. Pauli（1939），' On relativistic wave equations for particles of arbitrary spin in an electromagnetic field '，*Proc. Roy. Soc. Lond.* **A173** 211–232.

[B.1]   现在的形式很可能需要修正，从而把$\mathscr{C}^-$中衰减的静止质量也包含进来（遵从 §3.2）。然而，这很可能使问题大为复杂，所以到目前为止我只限于关心更容易处理的情形，假定我们的"颈圈"不包含$\mathscr{C}^-$中的静止质量。

[B.2]   我并不认为$\hat{\Lambda} = \check{\Lambda}$本身是一个大不了的假设，那不过是一个习惯问题。眼下看来，物理常数从一个世代到下一个世代的改变，由其他物理量来替代，不过是一个常数的安排问题。进一步说，我们注意，§3.2 中引入的标准"普朗克单位"的替换，可以认为是用 $\Lambda = 3$ 来代替 $G = 1$ 的条件，因为这更符合我们这儿的 CCC 形式。

[**B.3**]　E. Calabi（1954），"The space of Kihler metrics"，Proc. Internat. Congress Math. Amsterdam，pp. 206−207.

[**B.4**]　幽灵场（Phantom field）：很多文献都用这个词，意思不尽相同。

[**B.5**]　见注释3.9。

[**B.6**]　见注释3.9。

[**B.7**]　The full freedom is given by the replacement $\Omega \mapsto (A\Omega + B)/(B\Omega + A)$, with A and B constant, whereby $\prod \mapsto \prod$. But this ambiguity is dealt with by the demand that Ω have a pole (and ω a zero) at X.

[**B.8**]　K. P. Tod（2003），'Isotropic cosmological singularities : other matter models'，*Class. Quant. Grav.* **20** 521 534. [DOI:10.1088/0264−9381/20/3/309]

[**B.9**]　见注释3.28。

[**B.10**]　实际上，这个算子显然是C. R. LeBrun(1985)在他用扭量理论来定义"爱因斯坦丛"时引进的"Ambi-twistors and Einstein's equations"，*Classical Quantum Gravity* **2** 555−563），它构成了East-wood和Rice引进的更一般的一族算子的一部分 [M. G. Eastwood and J. W. Rice（1987），"Conformally invariant differential operators on Minkowski space and their curved analogues"，*Commun. Math. Phys.* **109** 207−228，Erratum，*Commun. Math. Phys.* **144**：（1992）213]。它与其他场合也有关系 [M. G. Eastwood（2001），"The Einstein bundle of a nonlinear graviton"，in *Further advances in twistor theory vol III*，Chapman & Hall/CRC，pp. 36−39. T. N. Bailey，M. G. Eastwood，A. R. Gover（1994），"Thomas's structure bundle for conformal, projective, and related structures"，*Rocky Mtn. Jour. Math.* **24**：1191-1217.] 现在它成为所谓"与爱因斯坦共形的"算子，也参

见下书p. 124的脚注：R. Penrose，W. Rindler(1986)，*Spinors and space-time*，*Vol. II : Spinor and twistor methods in space-time geometry*，Cambridge University Press.

[**B.11**] 这个解释是K. P. Tod向我指出的。见PR1986，那个条件被称为"渐进爱因斯坦条件"。R. Penrose，W. Rindler (1986)，*Spinors and space-time*，*Vol. II : Spinor and twistor methods in space-time geometry*，Cambridge University Press.

[**B.12**] 还可以从其他方式来看引力常数的这个有效符号改变，其中一个是比较通过共形无限远时辐射场的"Grgin行为"和引力源的"反Grgin行为"；见Penrose and Rindler (1986)，§9. 4，pp. 329–332. R. Penrose，W. Rindler (1986)，*Spinors and space-time*，*Vol. II : Spinor and twistor methods in space-time geometry*，Cambridge University Press.

[**B.13**] K. P. Tod，私人通信。

索引

A

B

C

F

G

H

K

L

M

N

S

W

Y

Z

译后记
宇宙是怎么轮回的？

玻尔喜欢用"有趣的疯狂"来说一个新理论。1958年，他告诉泡利说："我们一致认为你的理论很疯狂；我们的分歧在于，它是不是疯得够狂而可能是对的。"读者读过本书，会不会认为它疯狂呢？它是不是疯得够狂，也许是对的呢？

彭老师自己感觉它很疯狂，在尾声中还借小朋友的话总结说，"那是我听过的最疯狂的思想！"什么思想呢？"共形循环宇宙学"（CCC）—— 从大爆炸开始的宇宙终结于一个加速膨胀的时空，形成一个世代；每个世代的终结是下一个世代的大爆炸的开始……换句话说，CCC描绘了一个无限的宇宙循环。我们这个从大爆炸开始的膨胀的宇宙，是无限多个相似的宇宙世代中的一个。我们的大爆炸其实是前一个时代的遥远未来的延续。用数学的语言说：前一个世代的共形无限远（一个共形的4维流形）光滑延拓为下一个世代的大爆炸。因为无质量场的爱因斯坦方程是共形不变的，那个"垂死的"宇宙中的观测者（无质量粒子）"感觉"不到大爆炸的奇点，可以悠悠然从那个宇宙走进新的宇宙，重新捡起一个新的共形因子，进入演化的"宇宙新世代"。

借彭老师自己的话说（3.1节）：怎么能把遥远的未来同大爆炸式的起点等同起来呢？况且，未来的辐射冷却到零，密度稀薄到零；而在大爆炸起点，辐射有无限的温度和密度 …… 况且，根据热力学第二定律，宇宙总是向着熵增大的方向演化，既然总是增大，如何能回到原点形成"循环"呢？

本书系统考察了那些问题，但细节太多，也许读者不能"一目了然"，所以我根据自己的理解写一个提纲，简单"回顾"CCC的要点，也顺便补充一些书以外的东西，希望有助于读者领会彭老师的思想。

1. CCC 的轮廓

CCC对那两个问题的回答，也是它的两个要点：第一，宇宙的初态是低熵的，而终态是高熵的，其演化满足热力学第二定律；第二，一个世代的初态与前一个世代的终态通过共形几何实现光滑的过渡。

我们的未来最终是一个大黑洞。假定把所有物质（大约10^{80}个重子，不考虑暗物质）都扔进黑洞，那么根据霍金的熵公式，可得熵为10^{123}，而相空间体积是10后面跟那么多零。

在宇宙之初，引力自由度尚未激活，相空间很小，所以处于低熵态。当那些自由度激发起来时，引力作用就开始起主导作用，进入多彩的演化时代，形成各种尺度的宇宙结构，也包括生命和我们。

初始奇点（大爆炸）与终结奇点（黑洞）的特征，恰好可以用

Weyl曲率张量来描述，因而它自然成为刻画引力熵的物理量。Weyl曲率是共形不变的，在大爆炸的共形扩张会将无限大的密度和温度降到有限的数值，而无限远的共形收缩会将零密度和温度提高到有限的数值。于是，两者在界面光滑地过渡，宇宙也就从旧世代演进到新世代。这就是所谓的"共形循环宇宙论"（CCC）。

2. CCC的逻辑

2.1）Weyl曲率是共形的

从以上轮廓可见，Weyl曲率是CCC的数学核心。实际上，Weyl曲率的故事大概可以从30多年前说起。1979年，剑桥大学出版社出版了一本由霍金等人编辑的纪念爱因斯坦的文集《广义相对论：爱因斯坦百年概观》（*General relativity：An Einstein Centenary Survey*，eds. S W Hawking and W Israel，Cambridge University Press，1979），彭老师写了一篇50多页的《奇点与时间不对称》（"Singularities and time-asymmetry"），将第二定律的起源追溯到宇宙的边界条件，也就是奇点（初始的或终结的）。他指出，从时空曲率说，早期宇宙没有出现物质的聚集，对应于没有Weyl曲率（因为没有聚集意味着空间各向同性，也就意味着没有引力主导的零方向）……这个几何约束相当于说，Weyl曲率在任何初始奇点为零。然后，随着引力聚集的发生，其区域的Weyl曲率也不断增大，最后引力坍缩形成黑洞时，曲率在奇点变成无限大。这就是Weyl曲率猜想（WCH）。WCH有不同的形式，"强式"的说初始Weyl曲率为零，"弱式"的说初始时物质（即Ricci张量）起主导作用，而终结时相反。WCH是与奇点和宇宙"命运"联系在一起的，如"各项同性（isotropic）奇点"、"宁静（quiescent）宇宙学"等，都与它有关。

Weyl曲率是什么呢？我们知道，广义相对论是用时空的曲率（Riemann曲率）来描述引力场，爱因斯坦的场方程的实质就是时空曲率张量等于物质的能量动量张量。Weyl曲率就是Riemann曲率的"无迹"部分。（用矩阵来表示，"无迹"的意思就是对角线元素之和等于零。）因为场方程是缩并（即对角元素求和）之后的结果，所以没有Weyl张量。但Weyl曲率在无引力源的"虚空"仍然会有"潮汐"效应，而且在非完全各向同性的条件下不为零。

也可以通过电磁场的类比来说明Weyl张量。描述电磁系统（Maxwell方程）有两个张量：一个是电磁场的Maxwell张量，一个是场源（电荷或电流）。Riemann张量也是两部分，一个是Ricci曲率，描述引力源（相当于电磁场的电荷–电流源），引力效应表现为物质对时空的扭曲（如经过引力源附近的光线偏折，行星轨道的进动），另一个就是Weyl曲率，度量无源引力场的时空曲率（类似无源的Maxwell张量）。正如Maxwell张量可以分解为电（**E**）、磁（**B**）两个部分（具体的分解依赖于观测者的状态），Weyl曲率也能分解为电、磁两个部分，这个特点对CCC的观测证据有很大影响（附录B最后用了这个划分）。Weyl张量的一个好品质是"共形不变"，即不随尺度大小变化，只与形状有关（其实，所谓"共形"，就是初等几何里所说的"相似"或复函数论里常说的"保角"）。关于Weyl曲率，彭老师在《通向实在之路》（第28章）里有更详细的解说，可以参阅。

用Weyl张量来刻画宇宙初始和终结的状态，是因为两个态都不需要考虑物质源，只有纯粹的时空几何效应。WCH说，Weyl曲率初时为零终结时最大，这恰好与熵的变化"平行"。所以直观说来，Weyl曲率刻画了引力的熵。但WCH与第二定律的熵增只是形式上的呼应，并不是严格的数学和物理学的熵定义。一个自然的想法是，用Weyl曲率张量（或者结合Ricci张量）来构造某个不变量（例如，其缩并就是一个标量），要求其行为满足熵的特征（如非负的、连续的、单调递增的，等等），那就有可能作为引力熵的定义。遗憾的是，虽然有过一些尝试，但还没有满意的结果。

2.2）大爆炸是低熵的

大爆炸是各向同性的奇点——将各向同性的微波背景辐射（CMB）倒推回去，就可以想象它是各向同性的。CMB不仅在大尺度上均匀且各向同性，而且满足Planck的黑体辐射曲线。这意味着"我们看到的东西来自一个肯定是热平衡的状态"（2.2节）。"热平衡"意味着它有最大的相空间，因而有最大的熵——这就引出一个问题：根据第二定律，初始态应该是低熵态，而我们看到的却是高熵的。另一方面，如果根据CMB的数据估计大爆炸的相空间，却可以发现它确实是很小的。彭老师的计算表明，初始的相空间与宇宙最后的黑洞（根据所有物质即重子数计算）的相空间相比，只有10的10^{124}分之一！

问题在于我们忽略了引力。如彭老师在2.2节里的例子（图2.8）：在不考虑引力时，自然朝着均匀态演化，所以以均匀（热平衡）代表高熵态；但在引力出现时，自然朝着聚集的方向演化，均匀却是初始的低熵态。宇宙初始的均匀态，是引力自由度被约束的态，所以熵很低。（顺便说一句，引力作用自然消除了过去所谓的宇宙"热寂"问题。）

Lee Smolin有一个很好的比喻说：我们有两个温度，一个是火热的物质和辐射的温度，一个是冰冷的引力的温度。换句话说，普通物质是高温向低温演化，而引力作用的结果是向高温演化。（回想一下，熵最初的定义就是从热过程的卡诺循环引出来的。）彭老师通过太阳解释了引力熵的特点："太阳对我们并不仅是简单地提供能量，而是提供低熵形式的能量，这样我们（通过绿色植物）才能降低我们的熵，之所以如此，是因为太阳是黑暗天空里的一个热点。"（2.2节）太阳提供低熵，等于说它源源不断地输出负熵，那么它自己的熵会越来越大。这种"组织性"的特征，也可以从生命的演化来认识。

大爆炸奇点的特殊（各向同性且低熵），就在于它的引力自由度还没被激发出来，在数学形式上就表现为（也许因为量子引力的原因）Weyl曲率张量为零（或远小于Ricci曲率）。如果重新标度度规，那么Weyl曲率就等于正常状态下的曲率。书中多次提及的FLWR宇宙，就是Weyl曲率等于零的例子，不过那个宇宙模型对称性太高，Weyl曲率是恒等于零的。WCH的意义在于，它对很多不那么对称的奇点也是成立的。这一点很有现实意义，毕竟真实的宇宙并不是理想对称和各向同性的。

2.3）第二定律是"重生"的

　　从奇点性质看，宇宙开始的状态（大爆炸）与终结的状态（黑洞）是不同的；但在其他诸多方面，二者又是相似的 —— 不是"几乎相同的相似"，而是几何意义的相似（也就是"共形"），即它们看起来只有尺度的差别。

　　最突出的相似是两个时期的所有物质都是零质量（无静止质量）的粒子。严格说来，这是一个假定的事实，涉及很多未解的难题，如粒子衰变、静止质量、黑洞蒸发、信息丢失等等（见3.2节）。如果不管那些细节，那么物质演化就仿佛粒子与黑洞的生灭游戏 —— 这也是近年来的一个新认识：基本粒子与黑洞没有根本的不同，黑洞是基本粒子的自然延伸。随着宇宙的膨胀（时间尺度为10^{100}年），粒子会逐渐失去质量 —— 要么通过与反粒子伙伴湮灭，要么自我衰变 —— 留下无质量的粒子和大质量的黑洞（它们是星系或大恒星留下的）。相应地，温度越来越低，当它低于黑洞温度时，黑洞就开始蒸发，产生无质量的粒子。最后，整个宇宙的粒子都成了无质量的，一切信息都将丢失。因为粒子没有质量，所以不但没有空间的度量工具，时间也将失去度量（借彭老师的话说，我们不能用无质量粒子来做时钟），甚至连共形因子也将被"遗忘"。于是，最后的宇宙看起来就跟大爆炸之前的那个宇宙一样。彭老师将它解释为下一个宇宙的前大爆炸时期……（牛津大学的Barrow早在1978年就根据熵增原理提出，初始的宇宙应该是各向同性的"宁静"的，而不是Misner说的"混沌"的。那个宁静的状态，正是CCC需要的初始态。）

因为整体的尺度变化不会影响熵的度量，那么，热力学第二定律从哪儿来呢？当然要从前面说过的两个奇点的不同来考虑了。具体说来，黑洞最终会在弱弱的一声"砰响"中消失，黑洞里的信息也跟着消失。在奇点的"信息丢失"是什么意思呢？更准确的说法是自由度的丢失。自由度丢失了，相空间的某些参数就消失了，那么相空间就变得比原来小，宇宙重新回到一个低熵的状态，这样就满足第二定律的要求。

黑洞信息是一个老问题。霍金在1975年8月的一篇文章（"可预言性在引力坍缩下的崩溃"）里提出，系统状态的部分信息丢失在黑洞里了。所以，黑洞蒸发后的最终状态不是一个纯量子态。信息丢失显然违背了量子力学的基本法则（也就是彭老师说的幺正演化或"U过程"）。举例来说，假如我们点燃两卷百科全书，它们的火苗和灰烬是不同的，因而在原则上有可能从火苗和灰烬恢复各自的内容。于是，1997年2月，Preskill向霍金和他的朋友Thorne提出了挑战，他认为："当初始的纯量子态经过引力坍缩形成黑洞时，黑洞蒸发的最终状态将仍然是一个纯量子态。"

2004年7月，霍金在都柏林第17届国际广义相对论与引力论会议（GR17）上报告说，他解决了"黑洞的信息疑难"。他考虑了两类经典时空，有黑洞的（非平凡拓扑）和没有黑洞的（平凡拓扑）。然后，在这两类空间上进行半经典近似的路径积分。在没有黑洞的空间积分，没有信息丢失；而在有黑洞的空间积分，结果是"零"，信息丢了。

在彭老师看来，幺正（U）演化终究是要破坏的。在一个世代的遥远未来，所有黑洞都消失了，宇宙整体的相空间会大大地收缩，熵要重新"清零"。下一个世代的大爆炸将被严格约束——例如满足 Weyl 曲率猜想，这就为新世代的引力作用提供了强大的潜能。

但"这是一个微妙的问题，相空间体积的减小还存在很多具体的一致性问题需要解决，才能满足 CCC 的要求。"彭老师最后猜想，"我们可以估计最大黑洞可能达到的贝肯斯坦-霍金熵（只要它不在霍金辐射中丢失），并且将这个总熵作为可能相空间为开启下一个世代所需要的减小量。显然，为了明确 CCC 在这个方面是否可行，我们还有很多问题需要更详细的研究。"（3.4节）

2.4）初始与终结是共形的

前面说了，宇宙的初始态与终结态是相似的，而大爆炸奇点与黑洞奇点却是不同的。但一个循环的宇宙需要首尾两点的自然连接，靠什么来实现呢？共形几何。

一个是"各向同性过去奇点"，一个是"各向异性未来奇点"。前者的特征是 Weyl 曲率为零，Ricci 曲率为无限大；后者则正好相反，Ricci 为零而 Weyl 无限大。宇宙演化的过程不但是熵无限增大的过程，也是 Weyl 从零到无穷大的过程，这体现了 Weyl 张量与熵的直观联系。（关于初始奇点与终结奇点，彭老师在《皇帝新脑》里就讨论过；关于 Weyl 曲率假设，彭老师与霍金也有过争论，见《时空的本性》。那两本书的中译本都在"第一推动丛书"中，感兴趣的读者可以找来复习一下。）

那么，我们未来的高熵状态又如何能成为下一个世代的大爆炸（低熵态）呢？彭老师说："在大爆炸的共形'扩张'会将无限大的密度和温度降到有限的数值，而无限远处的共形'收缩'会将零密度和温度提高到有限的数值。这正是令两者重叠的重新标度过程……"（3.1节）

牛津的Paul Tod为实现这个自然过程提供了数学依据。他证明，通过用一个随时间变化的函数（共形因子）来重新标度时空，初始的各向同性奇点是可以清除的。在共形的标度变换下（即与时空距离无关），我们其实感觉不到那个初始状态的时空曲面是什么，因而可以将它移到遥远的未来。彭老师通过一个"中间度规"来连接过去世代的度规（通过标度因子Ω）和我们世代的度规（通过标度因子ω）。向界面趋近时，Ω趋于无限而ω趋于零，两个因子"互为倒数"。有趣的是，那个共形因子ω所代表的"幽灵场"（phantom field），可以解释为新生的暗物质的原初形式，并担起初始引力场的自由度。

Ω趋于无限是与前世的暴胀相联系的，它使Weyl曲率在界面为零。但是，曲率在界面的法向导数不为零，这样就可以将"前世"的信息传给"后世"——导数的磁部分决定3维界面的共形曲率，而电部分则度量新生暗物质（由Ω描述）的非均匀性，那个非均匀性是受了前世引力波的轻轻的"冲击"（彭老师用的词儿是kick）。（附录A-B11给出了相关的数学方程。）

那个给暗物质带来的冲击，将穿过界面到达我们世代的最后散射曲面（也就是开始产生微波背景辐射的曲面），在CMB中留下痕迹。

什么痕迹呢？

3. CCC 的证据

　　CCC预言，"前一个世代的每一次黑洞相遇（即两个球面相交），都会在CMB天空留下一个圆圈，它对整个天空的背景平均CMB温度有着或正或负的贡献。"（3.6节）具体说来，过去的星系团里有很多超大质量的黑洞，它们的碰撞产生引力波；不同时代不同位置的碰撞源会产生不同的引力波。引力波在穿过世代之交的界面时，会表现为一种推力，将它遇到的物质向外推，犹如雨点落进水池激起向外扩散的波纹一样——当它们达到我们世代的最后散射曲面时，就在CMB的图景中留下无数大大小小的相交的"波纹"圆圈。

　　每个圆圈周围的温度是均匀的，但与其他圆圈相交的点例外。任意选择一个点，我们考察以它为中心的不同角半径的圆环的温度变化（方差）。假如圆环恰好包含一个引力波的圆圈，则那个圈将为圆环贡献一个相对较强的均匀温度；假如其他经过圆环的点的效应只是简单的叠加而已，那么不论是否存在那个均匀的圆圈，温度的方差都不会改变（因为那个圆圈只是起着背景值的作用）。

　　而CCC预言的却是，那些点的效应是不能简单叠加的。在前一个世代，甚至直到本世代的大爆炸之后，引力波的非线性效应都可以忽略，仍然可以线性叠加。但是，当宇宙温度降到大约Higgs温度（也就是Higgs机制发生作用的临界温度）以下时，共形场代表的暗物质开始获得静止质量和黏性，会呈现流体运动，于是不同点相交的结果是运动的"平均"而非温度的"叠加"。正是这个非线性效应，使最后看到的圆环都是低方差的。(这是一个简单的统计结果：每个局部平均之后再计算整体的方差，将比根据原来整体计算的方差小。) 在圆环恰好与某个圈重合时，那个效应会更加显著，也就是我们很可能在CMB中看到的痕迹。

以X为中心寻找圆环(引自arXiv:1302.5162)

果然，近两年来，彭老师从威尔金森微波各向异性探测器（WMAP）的数据发现，CMB确实存在着具有低方差温度的同心圆环结构。

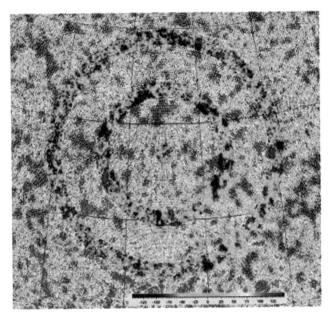

在CMB中看到的同心圆环结构（引自arXiv:1011.3706）

那些圆环是用统计学的方法（如随机模拟CMB数据）计算的，与理论没有关系，CCC只是它们的一种解释——当然，也可以说CCC"预言"了它们的存在（正如超弦理论预言了引力的存在一样）。既然能用随机模拟的数据产生那些圆环，确实就有人指出它们就是纯粹的随机结果；他们还批评彭老师和他的伙伴们混淆了随机与关联的概念——即使他们看到了CMB的圆环，那也只是一种统计关联的表现，本质还是随机的。

彭老师相信他看的圈，不仅因为它们为CCC的概念（也许还说不上严密的计算）提供了现象的根据，还因为他相信CMB不是"那么"随机的。与他一起计算圈结构的合作者Vahe Gurzadyan曾用一种概率论的方法（Kolmogorov方法）发现CMB的随机程度只有20%，那么它存在动力学结构的可能性就很大了。

在这场争论中，随机派有着天然的优势，因为他们不需要解释那些圆圈；而彭老师为了确立CCC，不仅需要确证那些圆圈不是随机的，还需要面对CCC涉及的一系列问题，很多还是物理学的根本问题——如果一个假说能与基本的科学问题发生联系，它就是有意义的。

4. CCC的意义

CCC令人感兴趣的当然不是宇宙的"循环"（循环宇宙已经有90年的历史了），更不是那些圆圈，而是它对第二定律的新解和它简单的逻辑结构（即通过Weyl曲率来解释一系列问题）。正如彭老师自己说的（3.3节），"假如我们坚信前大爆炸相的行为应该遵从第二定律，而且引力自由度开始完全激活，那么必然会发生某种不同于直接反弹的事情，不论经典的还是量子的。我本人解决这个难题的尝试，是我提出CCC这个看起来多少有些奇异的观点的主要原因。"这个主题贯穿了全书，读者可以从细细的品读中去感觉他的精神。

当然，CCC纲领还对宇宙学的很多有趣的问题提出了新的解释，如关于奇点、暗物质、静止质量、宇宙暴胀等。特别重要的一点是，它否定了暴胀论——这是标准大爆炸/暴胀宇宙学的基本组成，我们多说几句。

暴胀模型是为了解释大爆炸留下的视界问题（即因果区域分离的问题）和平直性问题（大尺度时空接近欧氏几何）而提出来的。它假定宇宙在大爆炸之后的一个非常短的时间间隔内（大约在 10^{-36} 到 10^{-32} 秒之间）经历了一场指数式的膨胀，线性尺度增大 10^{30} 或 10^{60}（甚至 10^{100}）倍。暴胀依赖于一个人工色彩很浓的暴胀子的势函数。最近有人怀疑，新发现的 Higgs 场的特征似乎不利于暴胀的发生。

彭老师对暴胀一贯不感兴趣（2.1节）。他认为第二定律应该从大爆炸一开始就发生作用，宇宙初始的平直性应该是"先天的"，而不应该是暴胀作用的结果。所以，CCC 的暴胀相（阶段）发生在的大爆炸之前（前一个世代的遥远未来）（2.6节），这就使得我们的世代从一开始就处于平直的低熵态。CCC 里的"前世"暴胀与传统暴胀的区别还在于，传统暴胀前的不均匀种子是随机的量子涨落生成的，而 CCC 的不均匀性却源自前世的经典动力学演化。

将暴胀从我们"今生"的过去转移到"前世"的未来，是颇有哲学意味的。如果拿两个世代的界面（crossover）做镜像反射，那就是一个有趣的时间反演。这样看来，CCC 也许可以归结为某种时间反演的模型；如果需要多个世代，只需要让反演发生在一个闭合的时空里。这令我想起埃舍尔（Escher）根据彭老师的不可能三角形创作的两幅名画：《瀑布》和《升与降》——整体上看，它们描绘了同一个空间的无限的时间循环，而局域地看，那些过程都是现实的和普通的。它们是不是 CCC 图景的另一种直观表达呢？（彭老师也借了埃舍尔的画，不过是为了表现"共形"。）

　　从理论的结构说，CCC是Weyl曲率假设的逻辑结果。如果说彭老师和霍金的奇点定理说明了奇点的存在，那么Weyl曲率假设便刻画了奇点的一个普适的基本特征。CCC就是体现这个特征的宇宙图景。与其他的循环理论（如下面说的）比起来，CCC要简单和纯粹得多。从物理内容看，它一点儿也不疯狂。它涉及的问题都是物理学的"经典"问题（如奇点问题、暗物质问题、基本粒子衰变问题、黑洞蒸发问题、信息丢失问题、量子引力问题、共形几何问题），所以不但不疯狂，而且相当"传统"。

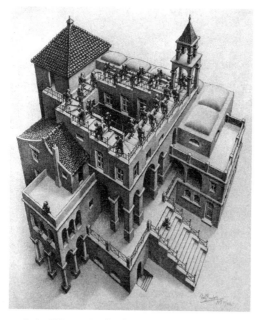

Escher受Penrose不可能三角形创作的版画《升与降》（1960）

5. 宇宙是轮回的吗？

标准的大爆炸 – 暴胀模型不说大爆炸"之前"，也不好意思提那样的问题。借古老的奥古斯丁的话说，上帝为那些爱打听"以前"的人准备了地狱。可现代宇宙学似乎就是从循环的宇宙模型开始的。1922年，Friedmann 提出的第一个宇宙学模型就是闭合循环的。Lemaitrei 很欢喜那样的场方程解："宇宙连续地膨胀和收缩，那样的解有着不容置疑的如诗的魅力，令人想起传说中的凤凰。"可见循环是我们直觉的宇宙学图景。然而，"循环"对科学来说却不大好，有人说它是为了避免上帝的"创世纪"（genesis），Eddington 干脆说他没有"凤凰崇拜"。但一直有"一小撮"科学家在研究它，当然不是为了宗教，而是为了避免奇点。

Friedmann 的"循环"是从膨胀到收缩的循环，时间方向随收缩而倒转（将它作为熵规定的方向），这意味着初始奇点与终结奇点是一样的。20世纪30年代，加州理工学院的 Tolman 第一个提出了第二定律的协变形式及其宇宙学意义。他的循环宇宙是一个无限不可逆的膨胀 – 收缩序列，其中每个"世代"的熵都比前一个的大。可他对第二定律的作用也不是十分肯定 —— 在著名的《相对论、热力学和宇宙学》中，他只是弱弱地指出："至少我们似乎不必再武断地认为第二定律一定要求一个在有限时间生成和消亡的宇宙。"就是说，宇宙无须达到经典热力学所谓的"热寂"。不过有趣而遗憾的是，如果倒推他的那个熵增序列，最终还会回到零点，于是他的循环没能摆脱初始条件的问题。实际上，Tolman 后来似乎也不大宣扬循环宇宙。

更近的循环宇宙是真正的"火凤凰"。在大约10年多前，普林斯顿的Paul Steinhardt等人根据膜理论的"火宇宙"（Ekpyortic）图像提出，宇宙经历无限多个膨胀－收缩的循环，每个循环从大爆炸开始。彭老师也提到了这个模型（3.3节），而且它与CCC的思路有相通的地方。它的基本点是：

　　●大爆炸不是时间的开始，而是向更早的演化相的过渡；

　　●宇宙的演化是循环的；

　　●宇宙大尺度结构的形成发生在大爆炸前的某个缓慢的收缩相，而不是大爆炸后的暴胀期。

这个宇宙建立在多维时空图景（膜世界）的基础上（尽管可以用四维的语言来描述）。它的膨胀与挤压是两个膜通过第5维相互作用的结果。两个膜发生碰撞，然后相互穿过（也可以说相互离开，因为没有膜外的世界）。那个碰撞，在膜上的人看来（我们当然在一个膜上），就是大爆炸。然后，同样通过第5维，两个膜又靠近（那个第5维仿佛一根可以随意拉伸和压缩的弹簧），于是重演先前的过程。

膜宇宙也考虑了熵的问题，仍然是通过第5维的作用：一个循环的熵随膨胀而"稀释"，密度趋于零。但在收缩期里，熵密度不再增大（因为收缩只发生在额外维）。从一个膜上的局域观测者看来，熵密度也在循环，但膜的总熵是增大的。[Paul 几年前也写了一本循环宇宙的书，叫《无尽的宇宙：超越大爆炸，重写宇宙史》（*Endless Universe: beyond the big bang-rewriting the cosmic history*，Broadway，2008）。]

比"火凤凰"更"疯狂"的循环宇宙，大概是物质与反物质轮流"坐庄"的宇宙。最近有人提出，我们处于物质的宇宙是因为我们的"前世"是反物质的。在两个"世代"的界面，不断演绎着物质－反物质的生成和湮灭。

循环宇宙模型还有很多，以后可能还会有。它们为物理学带来了有趣而浪漫的图景，也能激发有趣而根本的新问题。抛开具体的问题不说，就有两个很根本的（多少有些形而上的味道）问题：第一，物理学方程允许宇宙循环，这本身是不是一个问题呢？第二，"无限循环"是不是真正的物理问题？如果不是，那么这些模型是用一个非物理问题来"抹平"物理问题；如果是，那么这样的"无限"岂非又堕入了新的奇点？（所谓奇点，就是出现无穷大的地方。）

6. 关于本书

CCC可以说是彭老师近四十年的宇宙学思考的结果，很多概念和数学物理细节都有大量文献，但CCC本身才萌芽，本书是它的第一次系统呈现，而且迄今也没有更完备的研究论文，反倒是相关的研究论文（少得可怜）都拿它作为基本参考文献。因而，这不是一本纯粹的科普读物 —— 很多章节的描述是十分专业的，虽然把数学公式藏起来了，读起来还是要费点儿气力，需要读者有一定的物理学基础，特别是相对论和量子（场）论的修养。当然，还需要一点儿想象力，更需要多一些耐心。

具体说来，我们可以借鉴物理学家Paul Davies学相对论的经验：

相信不可能的，想象看不见的。（这个"法门"，也是王后要爱丽丝小妹妹每天做的功课。）不过，Davies 也承认，有些东西是想象不来的——"不过说实在的，我与这些概念打交道，是在反复运用中熟悉的，并没有得到什么神秘的直觉力量。我相信现代物理学揭示的实在是与人类思想根本冲突的，而且令一切的想象力黯然失色。诸如'弯曲空间'和'奇点'之类的名词所构想的精神图像，顶多是一些残缺的模型，只是在我们的头脑里定一个题目，而不会告诉我们物理世界到底是什么样子。"（见 *Davies*, *The Matter Myth*）这段话用在这本书是很恰当的。

实际上，彭老师在给一个读者的信中也承认，几何的直观想象不过是经验而已——当我们"习惯"它了，就以为能"想象"它了。对高维几何（时空），我们其实只是"看见"它在三维（欧氏空间）的投影，只是让自己相信了它，却自以为"想象"出它来了。当我们面对书中的那些共形图时，如果想象不出来，也别怪自己缺乏想象力，我们只要耐心地慢慢熟悉它们就好了。记住 Davies 老师说的大实话："并不是世界上的每个事物都能通过想象力去把握的"——明白了这一点，缺乏想象力的我们是不是可以轻松一点呢？

最后说说书名。原文很简单，就是"时间的循环"（Cycles of Time），但作标题似乎不够味儿，不够刺激。cycle 当然是循环，但不管从哪个意义说，它都令人想起佛家的"轮回"，而且它的确也是"轮回"的一种英译。据《不列颠百科全书》Buddhism 词条，samsara（"轮回"）即 the ongoing cycle of birth, death, and rebirth；《牛津英语词典》的解释是 The endless cycle of death and rebirth to which life in the material world is bound，可见这个定义完全可以移到CCC来。另外，我们借精神世界的"轮回"来说物理宇宙的"循环"，不是说物理学皈依了佛门，只是想"顺便地"通过名词令读者联想一点儿现代物理学与"东方神秘主义"的平行。

译者

2013年7月28日，成都